"十三五"国家重点研发计划项目
绿色施工与智慧建造关键技术（2016YFC0702100）资助
施工全过程污染物控制技术与监测系统研究及示范
（2016YFC0702105）课题成果之三

施工现场有害气体、污水、噪声、光、扬尘监测技术指南

陈 浩 叶少帅 主 编

琚 娟 彭琳娜 康 明 王海兵 向俊米 副主编

U0338730

中国建筑工业出版社

图书在版编目（CIP）数据

施工现场有害气体、污水、噪声、光、扬尘监测技术指南 /
陈浩，叶少帅主编. —北京：中国建筑工业出版社，2020.7

ISBN 978-7-112-25018-9

Ⅰ.①施… Ⅱ.①陈… ②叶… Ⅲ.①施工现场–环境监测–指南
Ⅳ.①X799.1–62

中国版本图书馆CIP数据核字（2020）第058590号

　　本书是"十三五"国家重点研发计划项目的成果总结。全书一共包括：第
一章　概述；第二章　施工现场有害气体监测；第三章　施工现场水污染监测；
第四章　施工现场噪声监测；第五章　施工现场光污染监测；第六章　施工现场
扬尘监测；第七章　施工现场全过程污染物监测系统；第八章　示范工程。本书
适合广大施工单位和施工管理单位人员阅读、使用。

责任编辑：张伯熙　曹丹丹
责任校对：芦欣甜

施工现场有害气体、污水、噪声、光、扬尘监测技术指南

陈　浩　叶少帅　主　编

琚　娟　彭琳娜　康　明　王海兵　向俊米　副主编

*

中国建筑工业出版社出版、发行（北京海淀三里河路9号）

各地新华书店、建筑书店经销

北京建筑工业印刷厂制版

北京建筑工业印刷厂印刷

*

开本：787毫米×1092毫米　1/16　印张：9　字数：193千字

2020年12月第一版　　2020年12月第一次印刷

定价：**35.00**元

ISBN 978-7-112-25018-9

（35769）

编 委 会

前　言

人类文明的演进历程始终伴随着对资源地掠夺和对自然生态环境地破坏，特别是工业社会以来，人类活动范围迅速扩大，对自然资源利用的广度和深度急剧扩张，人类不再满足于基本的生存需要，而是不断追求更丰富的物质和精神享受，对物质财富的过度追求和资源环境承载能力之间的矛盾变得突出。

随着改革开放的进程加快，我国经济建设的成就举世瞩目，居民生活水平也得到快速提高。但经济发展在给人们提供前所未有的物质文明和精神享受时，也给自然环境造成巨大的压力。当前，我国面临着资源短缺、重点流域水体污染、城市空气环境恶化、生态退化等严重的环境问题，必须得以重视，并下大力气转变发展思路，改变现状。

党的十九大报告指出：建设生态文明是中华民族永续发展的千年大计。必须树立和践行绿水青山就是金山银山的理念，坚持节约资源和保护环境的基本国策，像对待生命一样对待生态环境，统筹山水林田湖草系统治理，实行最严格的生态环境保护制度，形成绿色发展方式和生活方式，坚定走生产发展、生活富裕、生态良好的文明发展道路，建设美丽中国，为人民创造良好生产生活环境，为全球生态安全作出贡献。

作为国民经济中的重要物质生产部门，建筑业是一个资源消耗大，污染排放集中，覆盖面和影响面广的行业。特别是施工过程中需要消耗大量的水泥、钢材、木材、玻璃等材料，同时释放大量有害气体、污水、噪声、光和扬尘等污染，影响现场及周边公众的生产生活，也给城市造成负面环境影响。近年来，国家针对施工现场污染控制出台了一系列政策和标准规范，"绿色施工"的概念被提出，绿色施工作为绿色建筑全寿命期中的重要一环，是可持续发展思想在工程施工中的应用，它随着可持续发展和环境保护的要求而产生，对施工过程中的污染控制提出了一系列要求。

但是，我们也发现在对施工现场有害气体、污水、噪声、光和扬尘这五类主要污染物的控制上还存在主要针对单项污染开展、控制与监测脱钩以及污染监测手段落后等问题。在此情形下，由湖南建工集团有限公司牵头的国家重点研发计划课题"施工全过程污染物控制技术与监测系统研究及示范"（课题编号：2016YFC0702105），协同中国建筑第二工程局有限公司、重庆大学、上海市建筑科学研究院（集团）有限公司、湖南大学等单位共同开展针对施工现场有害气体、污水、噪声、光和扬尘五类主要污染物的形成机理、影响范围及危害、控制指标、控制技术及监测技术等的研究。该课题属于国家重点研发计划"绿色建筑与建筑工业化"专项中"绿色施工与智慧建造关键技术"项目（项目编号：2016YFC0702100），该项目旨在通过施工绿色化、装备设施成套化、建造智能化等手段解决困扰施工现场管理升级和技术进步的各类问题，从而研发出下一代绿色施工和智慧建造核心技术与产品。而本课题从施工现场各类污染源研究着手，分析污染产生的原因、组成和扩散机理，寻找控制和监测污染的方法，最终达到降低或消除各类污染的目的，是施工绿色化的根本，也是"绿色施工与智慧建造关键技术"项目不可分割的重要组成部分，更是项目要攻克的关键技术之一。

课题组经过 3 年多的时间，对施工全过程有害气体、污水、噪声、光和扬尘五类主要污染物的扩散机理进行研究，并在全国 31 个省（自治区、直辖市）进行调研，结合 10 余个在建工程施工现场进行的实践和示范，编制形成《施工全过程污染控制指标体系指南》《施工现场有害气体、污水、噪声、光、扬尘控制技术指南》和《施工现场有害气体、污水、噪声、光、扬尘监测技术指南》3 部正式出版物，旨在对施工全过程污染控制指标体系、控制技术和监测技术等提出建议，供同行在进行施工现场污染控制时参考，同时，也希望能为我国绿色施工环境保护相关政策制定、技术开发的理论提供支撑，能助推施工现场的技术创新，施工企业的转型升级，也为施工现场污染的大数据形成提供支持，最终实现减少排放、提高资源再生利用、减少施工扰民、改善居民生活环境、降低社会综合环保成本，推动我国绿色施工，实现建筑业可持续发展。

本书主编单位有：上海市建筑科学研究院（集团）有限公司、湖南建工集团有限公司；参编单位有：重庆大学、湖南大学、中国建筑第二工程局有限公司。本书是国家重点研发计划课题"施工全过程污染物控制技术与监测系统研究及示范"（课题编号：2016YFC0702105）成果文件之三，与其他两本出版成果《施工全过程污染控制指标体系指南》《施工现场有害气体、污水、噪声、光、扬尘控制技术指南》配套使用，将形成施工现场有害气体、污水、噪声、光、扬尘这五类污染物从控制指标到配套的监测方法，直至控制技术建议的全套参考书籍，能为推动我国施工现场污染物的源头减量、过程控制和末端无害，起到很好的指导和借鉴作用。

在编写过程中得到中国建筑集团有限公司首席专家李云贵博士、中建技术中心邱奎宁博士和中国建筑业协会绿色建造与智慧建筑分会于震平教授级高级工程师的大力支持，在此特别感谢！由于作者水平有限，本书在编写中存在的缺点和不足在所难免，请读者提出宝贵意见。

目　　录

第一章 概　述

第一节 研究背景

随着我国社会经济的快速发展，城市化建设全面展开，房地产开发不断进行，市政道桥建设稳步推进，工程项目遍地开花。一个规模在50万~100万人口的中等城市，每年在建工程项目可能达1000处以上，北京、上海、广州等超大城市每年在建工程项目可能达6000~10000个，由此造成的建筑施工环境污染问题日益突出。

对工程建设参建各方而言，注重生态文明建设、践行绿色施工理念，不仅是一项艰巨而紧迫的任务，更是需要积极探索并持续完善的健康发展之路。

因环境保护意识薄弱、管理制度不完善，施工过程中往往会忽视对环境的保护，导致产生以下几方面问题。

1. 有害气体污染。在施工过程中因工程机械的使用所产生的尾气，钢结构及钢筋焊接等施工操作所产生的焊接烟气，地下作业时地层内的逸出气体及建筑材料释放的气体，以及从事施工活动人员生活厨房产生的油烟气体等组成施工现场有害气体。由于施工中可能存在着通风不足等原因，导致施工环境中有害气体的浓度不断增加，这些有害气体最终可能损害施工人员身体健康，引发安全事故，给工程施工带来极大不便。

2. 水污染。工程施工对水质的影响主要表现在两个方面：一是在施工现场出口设置冲洗池冲洗带泥车辆、混凝土运输车后，污水如未经处理而直接流入自然水域中，会对施工场地附近的水域造成一定程度的污染；二是施工设备排放的尚未消耗完的汽油，未覆盖的原材料经大雨冲刷流入自然水域中，造成施工场地周围水域中飘浮油状物以及悬浮物超标。水是生命之源，施工过程中如果不重视废水排放问题，会造成水源污染，将会带来严重影响。

3. 噪声污染。施工噪声污染主要包括：挖土机、装载机、运输车辆、打桩机、搅拌机等工作时和施工阶段搭拆钢管脚手架时产生的噪声，这些噪声污染严重地影响着施工现场周边居民的正常生活，容易造成社会纠纷，影响施工进度。施工噪声分布广，危害大，已经成为继空气污染之后人类公共健康的"二号杀手"。

4. 光污染。施工工地的照明等强光照射天空，会扰乱人体的正常生物钟，导致周边居住人群白天工作效率低下。

5. 扬尘污染。扬尘污染已成为当前城市大气污染的主要原因，工程施工是扬尘污染的主要来源之一。在施工过程中，由于场地平整与土方开挖、材料堆放及运输车辆行驶等原因，导致施工现场附近的花草树木长期蒙着一层厚厚的灰。若不采取有效措施，就会造成大气污染、雾霾频发，从而直接危害到施工现场周边居民及施工人员的身体健康。

施工中产生的大量有害气体、污水、噪声、光及扬尘会对环境品质造成严重影响，也将有损于现场工作人员、使用者以及公众的健康。

我国正处于经济快速发展时期，固定资产投资规模增长较快，城镇化进程快速推进，建筑业生产规模增长迅速，同时也消耗大量资源，对环境产生许多负面影响。

工程施工造成众多类型的环境负面影响。比如，施工活动往往会干扰甚至改变自然环境的生态特征，影响地质土的稳定性，还可能会改变地下水径流、引发地面沉降等；施工活动会产生扬尘、二氧化碳、二氧化硫、甲醛、噪声、光等污染物；施工现场会排放一定量的污水；施工活动产生大量固体废弃物，一部分回收利用于工程，还有很大比重的部分作为废弃物排放。可见，工程施工产生众多的负面环境影响，必须要保护好土地资源和地下水资源，加强污水治理，控制污染物排放，加强资源节约和高效利用，减小对环境的影响。

早在十几年前，我国一些企业和地方政府就开始关注施工过程产生的负面环境影响的治理。有一些企业在2003年就开始进行绿色施工研究，先后取得一大批重要的技术成果。例如，北京为控制和减少施工扬尘，加大治理大气污染力度，从2004年起，北京的建筑工地全面推行绿色施工。在"十一五"期间，行业主管部门以绿色建筑为切入点促进建筑业可持续发展，组织中国建筑科学研究院和中国建筑工程总公司等单位开展绿色施工的相关研究，中华人民共和国建设部于2007年发布《绿色施工导则》，对建筑施工中的节能、节材、节水、节地以及环境保护（简称"四节一环保"）提出一系列要求和措施，对绿色施工有了权威性的界定。2010年中华人民共和国住房和城乡建设部发布国家标准《建筑工程绿色施工评价标准》GB/T 50640—2010，为绿色施工评价提供了依据。在施工现场噪声控制方面，国家标准《建筑施工场界环境噪声排放标准》GB 12523—2011规定了施工现场噪声排放的限值。2011年中华人民共和国住房和城乡建设部发布《建筑工程可持续评价标准》JGJ/T 222—2011，对建筑工程物化阶段、运行维护阶段、拆除处置阶段的环境影响进行定量测算和评价，为量化评估建筑工程环境影响提供了标准和依据。

随着建筑领域绿色化进程的深入，绿色施工开始受到人们的重视，相关政策文件和国家标准相继颁布，绿色施工开始逐步推进，并逐渐成为建筑施工方式的主旋律。绿色施工是指在保证质量、安全等基本要求的前提下，以人为本，因地制宜，通过科学管理和技术进步，最大限度地节约资源，减少对环境负面影响的施工活动。

虽然在推行绿色施工的十几年间，施工现场的有害气体、污水、噪声、光及扬尘等污染得到了一定控制，但仍然存在以下问题：

1. 针对有害气体、污水、噪声、光及扬尘五类污染物的控制指标体系不健全。

对施工现场有害气体、污水、噪声、光及扬尘这五类污染物的控制指标，针对噪声有白天不超过 70dB，夜间不超过 55dB 的控制指标；对扬尘有地基与基础施工阶段目测扬尘高度不超过 1.5m 的控制指标；主体施工阶段、装饰装修与机电安装阶段有目测扬尘高度不超过 0.5m 的控制指标；对污水有 pH 值控制在 6～9 之间的控制指标，但对光及有害气体没有相应的控制指标。

2. 针对有害气体、污水、噪声、光及扬尘五类污染物的控制指标没有考虑环境背景、施工阶段等影响因素。

现有的关于施工噪声、扬尘、污水等污染的控制指标都是一个固定的值，没有因为施工场地所处的背景环境以及施工阶段有所区别。

3. 没有针对控制指标提出对应的监测方案。

随着绿色施工的推行，虽然对施工现场污染控制提出了一定的指标要求，但相关标准规范并没有针对这些指标提出对应的监测方案，监测工具、监测频率、监测位置等，造成全国各地施工企业在组织实施绿色施工，控制相关污染时所采用的监测手段五花八门，监测取得的数据差别很大，无法形成统一的判定尺度。

第二节　研　究　目　的

我国经济正处于高速发展中，资源消耗量巨大，环境破坏形势严峻，占到国内生产总值比重 50% 以上的建设工程项目投资在为我国城镇化贡献力量的同时也消耗了大量资源并排出大量污染物，且不可避免。可持续发展观、绿色理念并不是要求资源的零消耗和环境的绝对原生态，而是应该高效、合理地利用资源和造成最小的环境影响。因此，我们需要在工程项目建设和资源消耗、环境保护之间找到平衡点，树立可持续建设、绿色工程项目管理的标准，避免高能耗、高投入、高污染的工程项目，促进建设项目与人类社会的共同健康发展。工程项目建设中的施工过程与环境接触最为紧密，一次性影响程度大，其中的有害气体污染、水污染、光污染、噪声污染和扬尘污染受到人们普遍重视，并且这些对环境的不利影响贯穿施工全过程。

因此，"十三五"国家重点研发计划"施工全过程污染物控制技术与监测系统研究及示范"课题旨在从有害气体污染、水污染、光污染、噪声污染和扬尘污染 5 个方面分别进行研究，探索其污染物控制指标体系、控制技术及监测技术。课题产生三项研究成果：《施工全过程污染控制指标体系指南》《施工现场有害气体、污水、噪声、光、扬尘控制技术指南》和《施工现场有害气体、污水、噪声、光、扬尘监测技术指南》。课题成果一《施工全过程污染控制指标体系指南》主要通过研究、模拟和现场实测，提出一套针对施工现场有害气体污染、水污染、光污染、噪声污染和扬尘污染的控制指标体系；课题成果二《施工现场有害气体、污水、噪声、光、扬尘控制技术指南》主要通过技术革新、设备改进、工艺优化等方式提出一系列施工现场有害气体污染、水污染、光污染、噪声污染和扬尘污染的控制技术，目的是使这五类污染物能满足《施工全过程污染控制指标体系指南》中控制指标体系的要求；而本课题成果《施工现场有害气体、污水、噪声、光、扬尘监测技术指南》则提出一套针对施工现场有害气体污染、水污染、光污染、噪声污染和扬尘污染的监测技术，与《施工全过程污染控制指标体系指南》配套使用，统一这五类污染物的监测方法、设备、频率及记录数据等。

第三节　施工现场污染物监测技术现状

早在 20 世纪 60、70 年代，美国就已经开始了污染源在线监测系统的研发，并将连续排放监测系统（CEMS）应用于大气污染物的监测中，开始重视 CEMS 的发展。在美国国家环保局完成对 CEMS 技术指标的制定之后，CEMS 得到越来越广泛的应用。期间，相关学者对 CEMS 进行了研究，如：Jahnke J A 阐述了烟气排放连续监测的相关技术和指标，对污染源企业废气的监测具有一定指导意义；Keeler J D 等通过虚拟传感器网络将传感器接收的数据传递给 CEMS，为 CEMS 设备制造商对传感器的选取提供了依据；Henry H 等利用 CEMS 技术监测氯化氢（HCl_2）气体的排放，并通过可调谐二极管激光进行气体分析，达到硅酸盐水泥 MACT 的规则标准。到 1995 年，美国已在 21 个州的 100 多个电厂安装了 445 套 CEMS。CEMS 技术促进了美国在污染物监测方面的发展。

1960 年，美国在纽约州开始着手建立污染源在线监测系统。目前，美国已经建立了以互联网为主体的、全国性的污染源在线监测系统，并与遥感遥测技术相结合，实现全局化的在线监测，污染源在线监测技术得到全面发展。Bai Y 等将差分吸收光谱法应用于污染源在线监测技术中，解决了无法连续精确监测污染源的现状，缺点是在高温和高浓度时产生的数据误差较大，使得监测结果不准确。Boe K 将在线监测技术应用于沼气工程，通过实时监测沼气的产生过程，有效地控制了沼气对周边地区的蔓延。

随着信息化技术的快速发展，一些国家和地区开始将遥感遥测技术、GIS 技术、报警管理技术、网络通信技术、报表服务技术和总量分析功能应用于环境监测中，建立了以空气、地表水、噪声和污染源废水废气为基础的四类环境在线监测系统。

2006 年，国务院办公厅颁布了关于印发国家环境保护"十一五"规划的通知（国发〔2007〕37 号），要求各级环保部门紧密围绕实现《国家环境保护"十一五"规划》确定的主要污染物排放总量控制目标，把防治污染作为重中之重，加大污染治理力度，确保到 2010 年二氧化硫（SO_2）、化学需氧量比 2005 年削减 10%，同时要求建立评估考核机制，每半年公布一次各地区主要污染物排放情况、重点工程项目进展情况、重点流域与重点城市的环境质量变化情况，对环境保护和污染源企业的监管提供了严格规范。在此期间，国家大规模地开展了污染源在线监测网的建设，对重点污染源企业日常排放的废气和废水开始进行在线监测，通过在国家级、省级和市级建设传输网络，推动了环境监测信息化进程。

2011 年，国务院办公厅颁布关于印发国家环境保护"十二五"规划的通知（国发〔2011〕42 号），要求到 2015 年污染源企业排放的化学需氧量、氨氮（NH_3–N）、二氧化硫（SO_2）和氮氧化物（NO_x）等主要污染物比 2010 年分别下降 8%、10%、8% 和 10%。在此期间，我国发布了 CEMS 的技术要求和方法标准，极大地促进了 CEMS 的发展。目前，CEMS 已经得到广泛应用。黄镇等对 CEMS 进行研究与设计，实现了 CEMS 软件高度的可靠性、强力的扩展性、维护和升级方便的特点。陈书建等总结了针对现场 CEMS 的安装、运营、环保检查、质控比对监测中常见的问题，进行了研究与分析，对分析、校准、测量等关键单元进行了优化，提出了合理的改进建议和对策。杨威将 CEMS 技术应用于大连市的污染源监测。我国的 CEMS 技术正逐步向国外发达国家看齐。

随着污染源在线监测技术的不断深入，国家对监测数据的审核越来越重视。真实有效的监测数据不仅能反映污染源企业的排污情况，更是环保部门的执法凭证。李扬阐述了监测数据的准确性、精密性、代表性、可比性和完整性，直接影响到执法效果和反映环境质量的真实性。李志明介绍了针对环境监测异常数据，采用污染物时空分布及其变化规律、环境要素变化特点、合理性分析对比各被测物质间的关系和运用物料衡算法验证监测结果等处理办法进行分析处理。国洋等从污染源监测系统的运行、监测数据的使用、审核体系的运转 3 个方面分析了目前数据审核方面存在的问题，提出应从现场端抓起，建立高效有序的现场端，推进后续良好的运维工作，实现数据的真实完整性。魏山峰介绍了国家重点监控企业污染源自动监测数据有效性审核的管理、核查与评价方法，对数据审核流程的规范具有一定指导意义。

我国进入在线监测阶段，实现对污染源废水和废气的实时监测，基本符合我国目前对污染源监测的需求，相关学者对污染源在线监测进行了一定研究，但仍存在一些问题。李振等设计并实现山西省污染源自动监测系统，能够实现对山西省污染源企业的监测，缺点是污染源的监测功能较单一，不具有全局性，并且在数据审核的严谨性方面还做得不够，报表格式也较为简单。李莉根据吉林省某市污染源监测情况，分析了污染源监测系统的结构、功能和特点，对其有进一步的深入了解，但对于系统功能方面还有待进一步扩充。徐文帅等和张丽娜等设计了基于 GIS 的污染源自动监测数据综合分析系统，将数据信息与 GIS 技术相结合，提升用户的审阅方式，但系统欠缺对数据分析地考虑，无法充分利用大量的监测数据进行决策分析。赵永辉研究了污染源自动监测数据采集、传输和接收技术，增强了污染源自动传输的可靠性和上传数据的完整性，详细分析出现场上传数据时可能出现的问题，但没有涉及实质性的数据审核流程应用于污染源在线监测系统中来提升监测数据的可靠性。孙栓柱等设计了南京市污染源在线监测系统，系统功能较完善，集数据采集、数据传输、数据应用和信息发布等功能于一身，能较好地监测南京市污染源企业的排污情况，缺点是没有及时地报警管理功能，对于超标、断线等报警信息得不到及时处理。李俊针对二氧化硫（SO_2）、氮氧化物（NO_x）等气态污染源监测开发了一套自动化监测系统，系统每2s采集一次数据，对烟气中各种气体浓度进行24h不间断监测和比对。刘建军对建筑工程施工现场扬尘污染在线监控系统进行研究，并设计了一套用于建筑施工现场的扬尘污染在线监控系统。随国庆等介绍了一套市级建设项目扬尘噪声监测平台，并引入环境监测国家控制点和省级控制点数据进行对比，同时开发出移动端应用。

在监测指标方面，《建筑施工场界环境噪声排放标准》GB 12523—2011对建筑施工过程中场界环境噪声给出统一的昼间和夜间限值和测量方法；《建筑工程绿色施工规范》GB/T 50905—2014提出采用人工"目测"方法进行现场扬尘浓度和扩散范围监测，要求土石方作业区内扬尘目测高度应小于1.5m，结构施工、机电安装、装饰装修阶段目测扬尘高度应小于0.5m，且扬尘不得扩散到工作区域外。上海市是我国建筑施工扬尘管控较为严格的地区，于2016年发布了《建筑施工颗粒物控制标准》，针对颗粒物控制要求提出，一日内颗粒物15min浓度均值超过监控点颗粒物浓度$2mg/m^3$的浓度限值次数不得超过1次，颗粒物浓度限制为$1mg/m^3$时不得超过6次，并考虑了城市背景值的数据，同时配套发布了《上海市建筑施工颗粒物与噪声在线监测技术规范（试行）》，监测方法为空气收集型仪器以实现连续自动监测。关于光污染，《建筑工程绿色施工评价标准》GB/T 50640—2010对建筑工程中的光污染做了规定，但仅仅提出了文字要求与建议，没有对光污染的定量指标要求。《建筑工程绿色施工规范》GB/T 50905—2014对有害气体的限定主要在物料燃烧方面，并要求室内装修材料的监测要符合相关国家标准，同时对民用建筑室内污染物浓度给出了限值。

污染物监测存在的突出问题是：传统污染源监测技术主要以人工监测为主，操作烦琐，需要长时间采样和实验室分析，且监测频率低，不能很好反映污染物的实时变化。现阶段自动监测系统采样项目少，只能对常规污染物进行监测。扬尘噪声监测系统已较为成熟，市场上有相关软件产品销售，但对施工现场的有害气体和光污染监测系统的研究，尚未见到相关学术成果，也未查阅到施工阶段多项污染物集成监测系统方面的研究。

本研究属于国家"十三五"重点研发计划课题资助项目，旨在对施工阶段的多种主要污染物集成自动监测系统进行研究，重点对施工过程污染物监测项目选取、监测点布置、监测频率、监测报警值、多种污染物集成监测系统开发等绿色施工关键问题进行探讨。

第四节　施工现场全过程污染物监测的作用和意义

随着我国建设项目数量的迅速增加，城市整体环境和生态问题凸显，施工现场污染是比较严重的问题之一，其严重制约城市的良性发展。如何有效对施工现场污染物进行监测和控制，减少其对城市环境造成的不利影响，是目前必须解决的问题之一。

随着各大城市经济快速发展，改善居住环境质量已成为关系人民福祉、关乎民族未来的大计，是民心所向。因此，在工程建设中，要强化管控到位，绝不能为了施工而施工，破坏我们赖以生存的自然环境，更不能让施工中的环境污染问题成为影响人们生活质量的"元凶"。

为更好的对施工现场污染物进行监测和管理，迫切需要建立统一的、针对施工现场污染物自动监测的标准、操作指南和监测平台，以便有效地提高施工现场污染物管理水平，促进建筑工地环境质量改善。

加强环境保护，既是为我们每个人的健康，更是推动"美丽中国"建设、实现伟大"中国梦"战略目标的关键举措。我们应该在工程建设中及时转变思路、总结经验，让绿色施工成为常态。

第二章 施工现场有害气体监测

第一节 有害气体的概念

有害气体是指在一般或一定条件下有损人体健康，或危害作业安全的气体，包括有毒气体、可燃性气体和窒息性气体。有害气体会对人或动物的健康产生不利影响，或者说对人和动物的健康虽无影响，但使人或动物感到不舒服，影响人或动物舒适度的气体。常见的有害气体有：甲醛（HCHO）、氨气（NH_3）、一氧化碳（CO）、氯气（Cl_2）、氰化氢（HCN）、硫化氢（H_2S）、一氧化氮（NO）、二氧化氮（NO_2）、二氧化硫（SO_2）、甲烷（CH_4）等。

第二节 施工有害气体污染

随着施工过程中施工工序的进行，因使用工程机械所产生的尾气，钢结构及钢筋焊接等施工操作所产生的焊接烟气，地下作业时地层内的逸出气体及建筑材料释放的气体而造成的有害气体污染统称为施工有害气体污染。

第三节 施工过程中有害气体特点

1. 施工场地主要有害气体分析

1）土石方基础施工与拆除施工

土石方基础施工是建筑施工的第一阶段。在这一阶段中，有害气体主要来源为施工中所使用的工程机械，如挖掘机、推土机、装载机、各种打桩机以及各种运输车辆等，还有钢筋的切割焊接和桩基爆破开挖等，如图 2-3-1 所示。

（a）　　　　　　　　　　（b）

图 2-3-1　土石方基础施工与拆除施工有害气体污染源（一）

(c) (d)

图 2-3-1 土石方基础施工与拆除施工有害气体污染源（二）

在这些有害气体污染源中，有些污染源如各种运输车辆移动范围比较大，有些污染源如推土机、挖掘机等相对移动范围较小。由于国家规定，重型卡车白天不能进入市区，只能利用夜间运输土石方，所以，土石方阶段各种设备配合运输车辆夜间运行，车辆所产生的尾气也致使施工区环境夜间的污染程度高于日间。施工机械所产生的有害气体主要有一氧化碳（CO）、碳氢化合物（C_xH_Y）、氮氧化物（NO_x）、二氧化硫（SO_2）、含铅化合物、苯并芘及固体颗粒物。钢筋的焊接过程中由于焊剂燃烧会产生烟尘，烟尘中的有害气体主要有一氧化碳（CO）、氮氧化物（NO_x）和臭氧（O_3）等，这些烟尘会造成局部地区有害气体污染，如果存在比较密集的钢筋焊接区，则其污染程度要高于其他区域。同时，某些施工场地在桩基施工时往往会采用爆破加人工挖孔的方式进行桩基开挖，由于爆破所产生的烟尘在地下消散速度较慢，因此污染持续时间较长，需要特别注意施工人员在这类区域施工工作时的安全。爆破过程中主要产生的有害气体有一氧化碳（CO）、氮氧化合物（NO_x）等，一些特殊炸药的爆生气体还含有硫化氢（H_2S）、二氧化硫（SO_2）、氯化氢（HCl）等。

在进行地下室防水施工作业时，多用热熔法施工作业，所用材料在温度作用下会释放诸如二甲苯等有毒、有害气体，在密闭环境中这些有毒、有害气体随着时间地推移会大量堆积对人体造成伤害，严重时可能会危及人员生命，因此需要在这类施工过程中加大对有害气体的监测和防护。

在拆除原有建筑和临时建筑时，有害气体污染主要来源于建筑垃圾运输车辆、结构拆除所用机械排出的尾气和部分采用爆破拆除的地点，这些污染源与土石方基础施工阶段较为相像。

2）主体结构施工

建筑主体结构施工是建筑施工中周期最长的阶段。不仅参与这一阶段施工的人员较多，而且使用的施工机械设备种类繁多，施工工序也较为复杂。现场所观测到的有害气体污染，不但有施工机械运作时产生的尾气，还有钢结构及钢筋切割焊接时产生的烟气、钢结构喷涂防护层及模板施工时采用的有机溶剂所释放的有害气体和其他建筑材料切割打磨时产生的烟尘，如图 2-3-2 所示。主体结构施工阶段有些有害气体污染源的位置并不固定，很多污染源随施工进程的发展变换位置，随机性较大；而有些污染源的位置就相对比较固定，如钢筋加工区内钢结构施工及钢筋切割焊接。

钢结构喷涂防护层及模板施工时采用的有机溶剂中主要存在的有害气体为甲醛（HCHO）、挥发性有机化合物（VOC）、甲苯类化合物、氡等。

（a） （b）

（c） （d）

图 2-3-2 主体施工阶段有害气体污染源

3）装修

装修是建筑施工的最后一个阶段，此阶段中所用的施工机械数量较少，有害气体污染源主要出现在装饰装修阶段所使用的建筑材料中，如图 2-3-3 所示。

图 2-3-3 装饰装修阶段污染源

在进行装修阶段的施工活动中，部分施工现场会有装修用胶的熬制，由于熬胶会产生甲醛（HCHO）等有害气体，在室外会通过大气循环进入城市其他区域，造成较为严重的大气污染，同时会给现场熬胶的施工人员带来身体上的伤害。在室内进行小批量熬胶时，由于通风不畅等原因，会在室内迅速堆积有害气体，如不及时处理同样会产生较大危害，因此对于施工现场的熬胶活动应多加关注，防止事故发生。

我国《建筑工程绿色施工规范》GB/T 50905—2014 规定，对民用建筑工程验收时，室内环境污染物浓度须符合一定标准，如表 2-3-1 所示。我国《室内空气质量标准》GB/T 18883—2002 规定，室内空气中有害气体浓度须在一定的限值以下，如表 2-3-2 所示。我国《室内装饰装修材料 内墙涂料中有害物质限量》GB 18582—2008 中对室内装修材料的有害物质做了限量，如表 2-3-3 所示。欧盟 2004/42/EC 指令给出了油漆和清漆中 VOC 的最高限值，如表 2-3-4 所示。

民用建筑工程室内环境污染物浓度限量　　　　　　　　　表 2-3-1

污染物	Ⅰ类民用建筑工程	Ⅱ类民用建筑工程
氡（Bq/m³）	≤ 200	≤ 400
甲醛（mg/m³）	≤ 0.08	≤ 0.1
苯（mg/m³）	≤ 0.09	≤ 0.09
氨（mg/m³）	≤ 0.2	≤ 0.2
TVOC（mg/m³）	≤ 0.5	≤ 0.6

室内空气质量标准　　　　　　　　　表 2-3-2

序号	参数类别	参数	单位	标准值	备注
1	化学性	二氧化硫（SO_2）	mg/m³	0.50	1h 平均值
2		二氧化氮（NO_2）	mg/m³	0.24	1h 平均值
3		一氧化碳（CO）	mg/m³	10	1h 平均值
4		二氧化碳（CO_2）	%	0.10	日平均值
5		氨（NH_3）	mg/m³	0.20	1h 平均值
6		臭氧（O_3）	mg/m³	0.16	1h 平均值
7		甲醛（HCHO）	mg/m³	0.10	1h 平均值
8		苯（C_6H_6）	mg/m³	0.11	1h 平均值
9		甲苯（C_7H_8）	mg/m³	0.20	1h 平均值
10		二甲苯（C_8H_{10}）	mg/m³	0.20	1h 平均值
11		总挥发性有机物（TVOC）	mg/m³	0.60	1h 平均值

有害物质限量　　　　　　　　表 2-3-3

项目		水性墙面涂料限量值	水性墙面腻子限量值
挥发性有机化合物（VOC）		≤ 120g/L	≤ 15g/kg
苯、甲苯、乙苯、二甲苯总和（mg/kg）		≤ 300	
游离甲醛（mg/kg）		≤ 100	
可溶性重金属（mg/kg）	铅（Pb）	≤ 90	
	镉（Cd）	≤ 75	
	铬（Cr）	≤ 60	
	汞（Hg）	≤ 60	

注：1. 涂料产品所有项目均不考虑稀释配合比。
2. 膏状腻子所有项目均不考虑稀释配合比；粉状腻子除可溶性重金属项目直接测试粉体外，其余3项按产品规定的配合比将粉体与水或胶粘剂等其他液体混合后测试。如配合比为某一范围时，应按照用水量最小、胶粘剂等其他液体用量最大的配合比混合后测试。

油漆和清漆中 VOC 的最高限值　　　　　　　　表 2-3-4

序号	产品类型	水性（g/L）	溶剂型（g/L）
1	室内亚光墙壁及顶棚涂料（光泽度＜25@60°）	30	30
2	室内光亮墙壁及顶棚涂料（光泽度＞25@60°）	100	100
3	室外矿物基质墙壁涂料	40	430
4	室内外木质和金属件用装饰性和保护性漆	130	300
5	室内外装饰性清漆和木材着色剂（包括不透明的木材着色剂）	130	400
6	室内外最小构造的木材着色剂	130	700
7	底漆	30	350
8	粘合性底漆	30	750
9	单组分功能涂料	140	500
10	双组分反应的功能涂料（如地坪专用面漆）	140	500
11	多色涂料	100	100
12	装饰性效果涂料	200	200

4）材料与废弃物运输活动

材料与废弃物运输活动是穿插在整个建筑施工过程中的，这一阶段的主要有害气体污染来源是建筑材料及废弃物运输采用的运输车辆所释放的尾气，如图 2-3-4 所示。由于这一阶段运输车辆不固定，因此污染源也会随时移动，应在主要施工区域对施工运输车辆进行有效管理。

（a）　　　　　　　　　　　　　（b）

图 2-3-4　建筑材料及废弃物运输车辆

5）现场垃圾焚烧

虽然现在国家有明确规定在施工现场严禁焚烧施工及生活垃圾，但在部分施工现场仍会出现垃圾焚烧现象。由于垃圾的成分极其复杂，焚烧时会生成一种多环芳香烃化物，这类化合物可以通过呼吸道或食物链进入人体，在体内有机体未能抵抗的情况下，可能会引起全身性疾病。不少垃圾中有塑料制品和其他一些有害物质，一旦焚烧会产生大量烟雾、灰尘，甚至有毒物质，如一氧化碳（CO）、二氧化碳（CO_2）、苯的化合物等有害气体，还有不少致癌物质如二噁英等，对人体危害很大。因此施工现场的垃圾焚烧也是有害气体的来源之一，应加强监控和防护。

6）现场沥青的熬制

沥青多用于道路施工，但在少数建筑工程施工中也会用到。而现场沥青的熬制会形成沥青油及烟气，而其中主要成分为酚类、化合物、蒽、萘、吡啶等，这些成分一方面对大气污染较为严重，另一方面由于其中含有大量的致癌物质，对现场施工人员的健康造成危害，因此在现场进行沥青熬制也是一个有害气体来源。

7）食堂区域

食堂区域的有害气体来源主要是餐饮设备所产生的有害废气，这往往是最容易被忽略的一点，然而有研究表明：因饮食餐饮加工所产生的有害气体占大气气体污染物的 30% 左右。

8）卫生间区域

卫生间区域的有害气体来源主要是卫生间内的恶臭气体及部分设有沼气池的场所，同时由于外界因素和内部因素的综合影响，沼气池和排污管道等会存在气体泄漏情况，这也是该区域有害气体的一大来源。

2. 施工过程中有害气体类型

根据现场调研及相关资料参考，施工过程中有害气体包括甲烷（CH_4）、氨气（NH_3）、一氧化碳（CO）、硫化氢（H_2S）、二氧化硫（SO_2）、氯气（Cl_2）、氮氧化物（NO_x）、挥发性有机物（VOC）等，其中主要气体成分为一氧化碳（CO）、二氧化硫（SO_2）、氮氧化物（NO_x）、挥发性有机化合物（VOC）。

3. 施工过程中有害气体危害

施工过程中有害气体的主要危害如表 2-3-5 所示。

施工过程中有害气体对人体的危害　　　　　　　　　　　表 2-3-5

有害气体	浓度（ppm）	对人体的影响
一氧化碳（CO）	50	允许的暴露浓度，可暴露 8h（OSHA）
	200	2～3h 内可能会导致轻微的前额头痛
	400	1～2h 后前额头痛并呕吐，2.2～3.5h 后眩晕
	800	45min 内头痛、头晕、呕吐，2h 内昏迷，可能死亡
	1600	20min 内头痛、头晕、呕吐，1h 内昏迷并死亡

续表

有害气体	浓度（ppm）	对人体的影响
二氧化硫（SO₂）	0.3～1	可察觉的最初的二氧化硫（SO₂）
	2	允许的暴露浓度（OSHA、ACGIH）
	3	非常容易察觉的气味
	6～12	对鼻子和喉部有刺激
	20	对眼睛有刺激
二氧化氮（NO₂）	0.2～1	可察觉的有刺激的酸味
	1	允许的暴露浓度（OSHA、ACGIH）
	5～10	对鼻子和喉部有刺激
	20	对眼睛有刺激
	50	30min 内最大的暴露浓度
	100～200	肺部有压迫感，急性支气管炎，暴露稍长将引起死亡
挥发性有机化合物（VOC）	《民用建筑工程室内环境污染控制规范》GB 50325—2010 中规定的 TVOC 含量为：Ⅰ类民用建筑工程为 0.5mg/m³，Ⅱ类民用建筑工程为 0.6mg/m³	

注：1. OSHA 是指美国职业安全与健康管理局（Occupational Safety and Health Administration）颁布的 OSHA 标准。
　　2. ACGIH 是指美国政府工业卫生学家协会（American Conference of Governmental Industrial Hygienists）颁布的 ACGIH 标准。

由表 2-3-5 我们可以看出，施工中有害气体浓度一旦超过一定的限值就会对人的身体健康造成伤害。

4. 施工过程中有害气体特点

广阔性：由于大气环境是时刻流动的开放空间，故有害气体的污染范围不受边界的限制，施工过程中产生的有害气体可能会经过污染转嫁形成长距离污染而引发难以控制的环境安全威胁。

严重性：由于施工过程有害气体本身属性以及面积广、扩展迅速等原因，所产生的有害气体可能会经过空气流动污染周围居民的生活环境，同时施工中会有相对密闭的环境，很容易对在这种施工环境下工作的施工人员身体健康造成危害。

区域性：施工过程产生的有害气体所造成的大气环境污染严重程度由于地域的不同会存在差异性，主要原因在于工程项目所在地的地形地貌、城市功能区位置、气候条件等多方面因素共同作用的影响，进而使得排放的有害气体污染程度不同。

不确定性：由于施工过程中有害气体污染源不一定是固定的，而且施工现场环境相对比较复杂，因而有害气体传播具有相当的不确定性。

突发性：由于施工过程中会发生突发性事件，如施工造成管道破损带来的气体泄漏，这种突发性事件会造成有害气体污染的突然形成，因而有害气体污染具有突发性。

第四节 施工过程中有害气体控制指标

1. 控制指标的影响因素

1）周围建筑类型

2012 年第三次修订的《环境空气质量标准》GB 3095—2012 中将环境空气功能区分为两类，参照该标准，根据施工场地周边的建筑使用功能特点及环境空气质量要求，将建筑施工场地周边的建筑类型分为以下两类：

一类环境空气质量功能区（一类区）为自然保护区、风景名胜区和其他需要特殊保护的地区；

二类环境空气质量功能区（二类区）为城镇规划中确定的居住区、商业交通居民混合区、文化区、工业区和农村地区。

一类区适用一级浓度限值，二类区适用二级浓度限值。

2）施工场地分区

对于具体的工程项目，施工现场主要可分为施工区和非施工区两类。

3）施工阶段

在建筑工程施工中产生有害气体的主要为以下几个施工阶段：土石方基础施工阶段、主体结构施工阶段、装修施工阶段和材料与废弃物运输活动。在不同的施工阶段存在不同的有害气体污染源，同时对于不同施工阶段有不同的施工环境及施工工序，因而对于评价量指标有所影响。

2. 施工过程中有害气体控制指标

施工过程中有害气体控制指标见表 2-4-1～表 2-4-7。

土石方基础施工阶段有害气体浓度指标限值 表 2-4-1

序号	有害气体类型	指标限值		单位
		一级	二级	
1	二氧化硫（SO_2）	0.05	0.15	$mg/m^3/24h$
2	二氧化氮（NO_2）	0.08	0.08	
3	一氧化碳（CO）	4	4	
4	挥发性有机化合物（VOC）	0.5	0.6	$mg/m^3/8h$
5	臭氧（O_3）	0.1	0.16	

主体结构施工阶段有害气体浓度指标限值 表 2-4-2

序号	有害气体类型	指标限值		单位
		一级	二级	
1	二氧化硫（SO_2）	0.05	0.15	$mg/m^3/24h$
2	二氧化氮（NO_2）	0.08	0.08	

续表

序号	有害气体类型	指标限值		单位
		一级	二级	
3	一氧化碳（CO）	4	4	mg/m³/24h
4	挥发性有机化合物（VOC）	0.5	0.6	mg/m³/8h
5	臭氧（O₃）	0.1	0.16	

装饰装修阶段有害气体浓度指标限值　　　　　　　　表 2-4-3

序号	有害气体类型	指标限值	单位
1	二氧化硫（SO₂）	0.5	mg/m³/h
2	二氧化氮（NO₂）	0.24	
3	一氧化碳（CO）	10	
4	甲醛（HCHO）	0.10	
5	苯（C₆H₆）	0.11	
6	甲苯（C₇H₈）	0.20	
7	二甲苯（C₈H₁₀）	0.20	
8	苯并芘	1.0	mg/m³/24h
9	总挥发性有机物（TVOC）	0.60	mg/m³/8h

食堂有害气体浓度指标限值　　　　　　　　表 2-4-4

序号	有害气体类型	现有污染物指标限值	新污染源污染物指标限值	单位
1	二氧化硫（SO₂）	0.5	0.40	mg/m³
2	二氧化氮（NO₂）	0.15	0.12	
3	一氧化碳（CO）	10	8	
4	丙烯醛	0.50	0.40	
5	油烟最高允许排放浓度	2		

卫生间有害气体浓度指标限值　　　　　　　　表 2-4-5

序号	有害气体类型	指标限值			单位
		一级	二级		
			新扩改建	现有	
1	氨（NH₃）	1.0	1.2	2.0	mg/m³
2	硫化氢（H₂S）	0.03	0.03	0.10	
3	甲硫醇	0.004	0.007	0.010	
4	臭气浓度	10	20	30	无量纲
5	甲烷（CH₄）	350	350	350	mg/m³

注：臭气浓度是指恶臭气体（包括异味）用无臭空气进行稀释，稀释到刚好无臭时，所需的稀释倍数。

运输道路有害气体浓度指标限值　　　　　　　　表 2-4-6

序号	有害气体类型	指标限值		单位
		一级	二级	
1	二氧化硫（SO₂）	0.05	0.15	mg/m³/24h
2	二氧化氮（NO₂）	0.08	0.08	
3	一氧化碳（CO）	4	4	
4	挥发性有机化合物（VOC）	0.5	0.6	mg/m³/8h
5	臭氧（O₃）	0.1	0.16	

装修阶段熬胶、垃圾焚烧、熬制沥青等极端状态下有害气体浓度指标限值　　表 2-4-7

序号	有害气体类型	指标限值	单位
1	二氧化硫（SO₂）	0.5	mg/m³/h
2	二氧化氮（NO₂）	0.24	
3	一氧化碳（CO）	10	
4	甲醛（HCHO）	0.10	
5	苯（C₆H₆）	0.11	
6	甲苯（C₇H₈）	0.20	
7	二甲苯（C₈H₁₀）	0.20	
8	苯并芘（BaP）	1.0	mg/m³/24h
9	总挥发性有机物（TVOC）	0.60	mg/m³/8h
10	二噁英	0.1	ng TED/m³

第五节　监测参数选择

根据《环境空气质量标准》GB 3095—2012 规定，环境空气污染物基本项目包括 6 项：二氧化硫（SO₂）、二氧化氮（NO₂）、一氧化碳（CO）、臭氧（O₃）、颗粒物（粒径小于等于 10μm）和颗粒物（粒径小于等于 2.5μm），其他项目包含 4 项：总悬浮颗粒物（TSP）、氮氧化物（NOₓ）（以 NO₂ 计）、铅（Pb）和苯并芘（BaP）。

根据《室内空气质量标准》GB/T 18883—2002，室内控制质量监测参数包括：二氧化硫（SO₂）、二氧化氮（NO₂）、一氧化碳（CO）、二氧化碳（CO₂）、氨（NH₃）、臭氧（O₃）、苯并芘（BaP）、可吸入颗粒物 PM10 和总挥发性有机物（TVOC）。

考虑到施工现场有害气体既包含环境空气中的污染物，也包括建筑物建成后室内空气中的污染物，因此，除 PM10、PM2.5、TSP 在扬尘监测中考虑的监测参数以外，施工现场有害气体监测应考虑表 2-4-1～表 2-4-7 中所有参数，主要有二氧化硫（SO₂）、二氧化氮（NO₂）、一氧化碳（CO）、挥发性有机化合物（VOC）、臭氧（O₃）、甲醛（HCHO）、苯（C₆H₆）、甲苯（C₇H₈）、二甲苯（C₈H₁₀）、苯并芘（BaP）、丙烯醛、氨（NH₃）、硫化氢（H₂S）、甲硫醇、甲烷（CH₄）、二噁英等。

第六节 监 测 方 法

1. 监测仪器

1）手持式监测仪器

（1）复合式多气体检测仪

复合式多气体检测仪（图2-6-1）能检测硫化氢、一氧化碳、二氧化硫、氧气和可燃性气体等多种气体的浓度。

该仪器可根据需要检测多种气体浓度，并根据预设的预警值对超过预警的浓度进行报警。

（2）便携式气体检测仪

是一款采用泵吸式检测方式的超高灵敏度气体检测仪（图2-6-2）。它采用半导体检测原理，体积小巧，操作简便，携带方便，也可附带柔性探头，手感舒适。可检测的气体包括：甲烷、天然气、氨气、氢气、煤气、丙烷、硫化氢以及丙酮、汽油、冷却剂、乙醇、漆、稀料、工业溶剂等其他有机液体蒸汽等有毒有害气体。

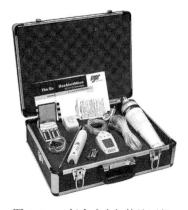 

图 2-6-1　复合式多气体检测仪　　　图 2-6-2　便携式气体检测仪

该仪器同样可根据需要监测多种气体浓度，并根据预设的预警值对超过预警浓度进行报警。

2）自动监测仪

环境空气质量和室内空气质量参数均可以自动监测，不同的监测参数需要选配不同的传感器。监测系统的所有设备都装在一个机柜内，包括分析仪模块、校准模块、采样系统、数据记录器、无纸表格记录器、通信系统等。

有害气体自动监测系统的测量方式有湿法和干法两种。湿法的测量原理有库仑法和电导法等，需要大量试剂，并存在试剂调整和废液处理等问题，操作繁琐，故障率高，维护量大，现已基本淘汰；干法基于物理光学测量原理，使样品始终保持在气体状态，没有试剂的损耗，维护量较小，目前绝大部分采用这种方式。

主要有害气体分析仪分析原理简介如下：

（1）二氧化硫（SO_2）自动分析仪

基于 SO_2 分子接收紫外线（214nm）能量成为激发态分子，在返回基态时，发出特征荧光，由光电倍增管将荧光强度信号转换成电信号，通过电压/频率转换成数字信号送给 CPU 进行数据处理。当 SO_2 浓度较低，激发光程较短且背景为空气时，荧光强度与 SO_2 浓度成正比。采用空气除烃器可消除多环芳烃（PAHs）对测量的干扰。

（2）氮氧化物（NO_x）分析仪

NO 与 O_3 发生反应生成激发态的 NO_2^*，在返回基态时发射特征光，发光强度与 NO 浓度成正比。NO_2 不与 O_3 发生反应，可通过钼催化还原反应（315℃）将 NO_2 转换成 NO 后进行测量。如果样气通过钼转换器进入反应管，则测量的是 NO_x，NO_x 与 NO 浓度之差即为 NO_2。

（3）臭氧（O_3）分析仪

利用 O_3 分子吸收射入中空玻璃管的紫外光（254nm），测量样气的出射光强。通过电磁阀的切换，测量剔除 O_3 后标气的出射光强。二者之比遵循朗伯-比尔公式，据此可得到 O_3 浓度值。

2. 测点位置和数量

我国各省市对施工现场的有害气体监测尚未出台相关标准，根据对施工现场施工过程不同阶段产生的有害气体进行分析，建议在不同阶段、不同部位根据可能的有害气体情况对测点的位置和数量进行灵活布设。不同施工阶段有害气体参考类型如表 2-6-1 所示：

不同施工阶段有害气体类型表

表 2-6-1

序号	阶段／部位	有害气体类型
1	土石方基础施工阶段	二氧化硫（SO_2）、二氧化氮（NO_2）、一氧化碳（CO）、臭氧（O_3）、总挥发性有机物（TVOC）、硫化氢（H_2S）、氯化氢（HCl）、甲烷（CH_4）、氢化氰（HCN）
2	主体结构施工阶段	二氧化硫（SO_2）、二氧化氮（NO_2）、一氧化碳（CO）、臭氧（O_3）、总挥发性有机物（TVOC）
3	装饰装修阶段	二氧化硫（SO_2）、二氧化氮（NO_2）、一氧化碳（CO）、甲醛（HCHO）、苯（C_6H_6）、甲苯（C_7H_8）、二甲苯（C_8H_{10}）、苯并芘（BaP）、总挥发性有机物（TVOC）
4	食堂	二氧化硫（SO_2）、二氧化氮（NO_2）、一氧化碳（CO）、丙烯醛（C_3H_4O）
5	卫生间	氨（NH_3）、硫化氢（H_2S）、甲硫醇（CH_3HS）、甲烷（CH_4）
6	装修阶段熬胶、垃圾焚烧、熬制沥青等极端状态	二氧化硫（SO_2）、二氧化氮（NO_2）、一氧化碳（CO）、甲醛（HCHO）、苯（C_6H_6）、甲苯（C_7H_8）、二甲苯（C_8H_{10}）、苯并芘（BaP）、总挥发性有机物（TVOC）、二噁英（$C_{12}H_4Cl_4O_2$）

1）监测点布置原则

由于在施工现场存在着室内和室外施工以及施工区和非施工区的划分，对于室内和室外的监测点布置原则会有所不同，对于施工区和非施工区的监测点布置原则也会有所不同，施工区和非施工区监测点布置原则如下：

（1）施工区监测点布置

根据施工场地有害气体污染情况和污染源位置，监测点应布置在有害气体集中发生的地方，如物料加工厂、主体施工区等。在主导风向较明显的状况下，应当将监测点布置在距离污染源较近的下风向，同时在上风向布置少量监测点作为对照。监测点高度一般是在距地面 1.5m±0.5m 处。

同时由于施工区内存在桩基施工、地下室防水施工等封闭情况下的施工作业，以及场内运输道路和物料堆放区，装修阶段熬胶、现场焚烧垃圾、熬制沥青等极端状态下有害气体污染源的出现，监测点布置原则作如下特殊说明：

① 对于土石方及基础施工阶段，监测点应在土石方及基坑开挖处、基坑周边的上下风向各布置 1～2 处，同时桩基础施工、地下室防水也应根据实际情况进行监测点布置。

② 对于主体施工阶段及装饰装修阶段的室内监测，原则上每个小于 50m² 的房间均应设 1 个点，50m² ～ 100m² 设 3 个点，100m² 以上至少设 5 个点。多点采样时应按对角线或梅花式均匀布点，应避开通风口，离墙壁距离应大于 0.5m，离门窗距离应大于 1m。

③ 对于运输道路的监测，应在场地内运输道路设置监测点。

④ 对于装修阶段熬胶、现场焚烧垃圾、熬制沥青等极端状态下的有害气体污染源监测，应根据现场实际情况对上述施工活动进行管控和监测；对于现场焚烧垃圾应明令禁止，对于装修阶段熬胶、熬制沥青等活动应在周边用手持仪器监测。

（2）非施工区监测点布置

① 对于办公区和生活区的监测，如果办公区和生活区与施工区是分开的，应在办公区和生活区内部增加一组监测点。同时对其内部有害气体的污染源如食堂、卫生间等进行监测，每处各设置一个监测点。

② 对于食堂的监测，采用固定油烟在线仪器监测。

③ 卫生间监测应在卫生间中部设置监测点，并尽量避开排气扇及通风窗位置。

2）监测频次

根据《环境空气质量标准》GB 3095—2012 中对污染物监测数据的统计有效性规定如表 2-6-2 所示：

污染物浓度数据有效性的最低要求　　　　　　　　　　　　　表 2-6-2

污染物项目	平均时间	数据有效性规定
二氧化硫（SO_2）、二氧化氮（NO_2）、氮氧化物（NO_x）	年平均	每年至少有 324 个日平均浓度值 每月至少有 27 个日平均浓度值（二月至少有 25 个日平均浓度值）

污染物项目	平均时间	数据有效性规定
二氧化硫（SO$_2$）、二氧化氮（NO$_2$）、一氧化碳（CO）、氮氧化物（NO$_x$）	24h 平均	每日至少有 20h 平均浓度值
臭氧（O$_3$）	8h 平均	每 8h 至少有 6h 平均浓度值
二氧化硫（SO$_2$）、二氧化氮（NO$_2$）、一氧化碳（CO）、臭氧（O$_3$）、氮氧化物（NO$_x$）	1h 平均	8h 至少有 45min 采样时间

（1）监测应在正常气候下进行，无极端天气及降雨出现，以防止因极端天气的影响造成监测结果不能得出其正常状况下的污染量。监测时间应从施工开始到施工结束，监测频率最开始为3天一次，逐步扩大至5天一次，最终宜为7天一次，具体时间间隔的变动应以项目本身监测数据情况而判定。每天监测次数为3次，即当日8时、11时及18时，如果存在夜间施工则在夜间施工时加测，具体时间和次数根据施工情况而确定。

（2）对于食堂区域的有害气体监测，监测时间应在食堂作业高峰期（7时、8时、11时、12时、17时、18时）进行，其他时间若有作业活动应加测。

（3）对于装修阶段熬胶、现场焚烧垃圾、熬制沥青等极端状态下的有害气体污染源出现的时候，应利用手持仪器进行现场监测。

（4）对于场地周边环境参数监测，可利用现场的固定仪器进行连续监测，对于结构内部环境参数可采用手持仪器进行监测。

（5）监测期间，各监测点数据经数据采集器每30s采集一次数据后输出15min平均值。

3）监测操作步骤

（1）常规区域监测步骤（常规区域指的是施工作业区和除食堂、卫生间、垃圾站等非施工作业区）

①测前准备：仪器、记录纸、笔，测试人员若干名，在监测之前应对监测仪器进行校准，保证其监测数据有效。

②确定测点，并在各测点按要求布置测量仪器，每个测点安排1～2名记录人员。

③开启测量仪器，仪器具体操作参照仪器说明书，测量时间设置为15min自动停止，记录数据。

④若设备有自动存储功能，需要在每次测量之后将测量数据导入计算机中，并将数据记录表进行分类存档。

（2）食堂区域监测步骤

①监测点应优先选择在垂直管段。应避开烟道弯头和断面急剧变化的部位。采样位置应设置在距弯头、变径管下游方向不小于3倍直径，和距上述部件上游方向不小于1.5倍直径处，对矩形烟道，其等效直径 $D = 2AB/(A+B)$，其中 A、B 为边长。

②食堂油烟监测采用油烟监测仪，探头应安装到烟道内，因此需要在烟道上开孔，

然后将探头装入烟道，并固定在烟道壁上。一般将探头安装在烟道的侧边或者底边，注意油烟的排放方向。

③ 在食堂作业高峰期（7时、8时、11时、12时、17时、18时）进行连续监测，并及时对数据进行整理。

（3）卫生间区域监测步骤

卫生间区域采用手持仪器监测，选取卫生间的中部，并尽量避开排气扇及通风窗位置。

第七节　数据记录整理

1. 监测数据记录

监测数据记录见表2-7-1～表2-7-5。

施工期间各测点有害气体浓度记录表（基础、主体阶段及运输道路用）　表2-7-1

测量序号	测量时间	施工活动	时间段	日期：_____　测量区域：_____　测点编号：_____									
				温度（℃）	湿度（RH）	气压（Pa）	风速（m/s）	风向	CO（ppm）	SO₂（ppm）	NO₂（ppm）	VOC（ppm）	O₃（ppm）
1	08:00～08:15	钢筋加工（示例）	前5min										
			中5min										
			后5min										
2			前5min										
			中5min										
			后5min										
3			前5min										
			中5min										
			后5min										

施工期间各测点有害气体浓度记录表（装修阶段用）　表2-7-2

测量序号	测量时间	施工活动	时间段	日期：_____　测量区域：_____　测点编号：_____									
				温度（℃）	湿度（RH）	气压（Pa）	风速（m/s）	风向	CO（ppm）	SO₂（ppm）	NO₂（ppm）	VOC（ppm）	苯（ppm）	甲醛（ppm）
1	08:00～08:15	墙面粉刷（示例）	前5min										
			中5min										
			后5min										
2			前5min										
			中5min										
			后5min										
3			前5min										
			中5min										
			后5min										

食堂区域测点有害气体浓度记录表 表2-7-3

测量时间	油烟浓度（mg/m³）
YYYY/MM/DD 07：00	
YYYY/MM/DD 08：00	
YYYY/MM/DD 11：00	
YYYY/MM/DD 12：00	
YYYY/MM/DD 17：00	
YYYY/MM/DD 18：00	

卫生间区域各测点有害气体浓度记录表 表2-7-4

日期：_____ 测点编号：

测量序号	测量时间	时间段	温度（℃）	湿度（RH）	气压（Pa）	风速（m/s）	风向	NH_3（ppm）	H_2S（ppm）	CH_4（ppm）	甲硫醇（ppm）	臭气等级
1	08：00～08：15	前5min										
		中5min										
		后5min										
2		前5min										
		中5min										
		后5min										
3		前5min										
		中5min										
		后5min										

装修阶段熬胶、垃圾焚烧、熬制沥青等极端状态下各测点有害气体浓度记录表 表2-7-5

日期：_____ 测点编号：

测量序号	测量时间	施工活动	时间段	温度（℃）	湿度（RH）	气压（Pa）	风速（m/s）	风向	CO（ppm）	SO_2（ppm）	NO_2（ppm）	VOC（ppm）	苯（ppm）	甲醛（ppm）
1			前5min											
			中5min											
			后5min											
2			前5min											
			中5min											
			后5min											
3			前5min											
			中5min											
			后5min											

2. 监测结果评价

2012年第三次修订的《环境空气质量标准》GB 3095—2012中将环境空气功能区分为两类，参照该标准，根据施工场地周边的建筑使用功能特点及环境空气质量要求，将建筑施工场地周边的建筑类型分为以下两类：

一类环境空气质量功能区（一类区）为自然保护区、风景名胜区和其他需要特殊保护的地区；

二类环境空气质量功能区（二类区）为城镇规划中确定的居住区、商业交通居民混合区、文化区、工业区和农村地区。

一类区适用一级浓度限值，二类区适用二级浓度限值。

对于施工过程中有害气体污染物的评价可将监测到的数据记录在表2-7-1～表2-7-5中，并将相关数据取平均值后与表2-4-1～表2-4-7的控制指标值对比，判断是否达标。

3. 监测注意事项

（1）手持仪器每次监测前都要对仪器进行校准，保证仪器精确度。

（2）严格控制监测时间，保证监测数据的数量和质量符合要求。

（3）现场监测人员应做好防护措施，如戴口罩等。

（4）监测人员必须经过培训才可进行监测。监测人员应完全熟悉操作步骤，并由专人保管仪器和监测数据。

第三章 施工现场水污染监测

第一节 污水的概念

《中华人民共和国水污染防治法》（以下简称《水污染防治法》）指出："水污染，是指水体因某种物质的介入，而导致其化学、物理、生物或者放射性等方面特性的改变，从而影响水的有效利用，危害人体健康或者破坏生态环境，造成水质恶化的现象。"上述的概念说明水污染是由于外界物质进入水体，使水质发生改变，影响了水的利用价值或者使用条件的现象。

在维系人的生存以及保持经济发展的过程中，水的重要性毋庸置疑。随着我国工业化和城镇化进程的加快，水环境也面临着很大挑战。中国是世界上 13 个缺水国家之一，水污染使我国已经面临的水短缺现状更是雪上加霜。我国的江河湖泊普遍受到污染，90% 的城市水资源也污染严重。水污染降低水资源的使用功能，给可持续发展战略带来不利影响。

第二节 施工水污染

造成水污染的施工项目主要有：施工作业排污、基坑降水排水、施工机械设备清洗、实验室器具清洗和后勤生活污水。但由于各施工项目在实施过程中的施工方法迥异，现场所在地、工地的面积、工种不同，造成水污染的途径和形式也各有差异。比如，工程需要疏、磨桩或钻探，在这种情况下造成的水污染相对比较大。

第三节 施工过程中污水特点

1. 施工场地主要污水源分析

1）土石方基础施工与拆除施工

这类阶段的施工废水来源主要有以下几种：基坑开挖或爆破时产生的混合泥浆，泥浆排入水体后可能会使水体中的 Cl^- 或者 SO_4^{2-} 提高，侵蚀性二氧化碳（CO_2）增大；明挖基础或钻孔桩基础施工产生的含渣废水；基坑降水排水时产生的废水；施工机械设备运行时产生的含油废水；用于施工降尘的水；喷射注浆材料时渗出的废水以及后勤生活污水等。

2）主体结构施工

这一阶段施工废水的来源主要有以下几种：各种建筑材料在运输过程中泄漏进入水体；施工机械燃油和机油泄漏；临时堆料场因雨水冲刷形成的废水；施工设备维修清洗产生的含油废水；混凝土、早强剂、速凝剂等材料水解后产生的碱性废水以及生活废水。

3）装饰装修

这一阶段施工废水来源主要有以下几种：装修涂料、胶粘剂、处理剂等残留物形成的废水；机械设备运行产生的含油污水；材料因雨水冲刷形成的废水以及生活污水。

4）材料与废弃物运输

材料与废弃物运输是贯穿整个施工过程的重要施工活动，这一活动的施工污水来源主要有以下几种：材料运输过程中车辆产生的含油污水；施工现场产生的液体废弃物随意排放；车辆清洗废水；泥砂、水泥等废弃物排入水中产生的废水以及生活污水。

2. 施工过程污水类型

根据施工项目造成水污染的污染物性质，我们可将水体污染分为：化学性质污染、物理性质污染及生物性质污染。化学性污染包括酸碱污染、需氧性有机物污染、营养物质污染和有机毒物污染；物理性污染有悬浮固体污染和热污染；生物性污染则是指微生物进入水体后，令水体带有病原生物。

3. 施工过程污水危害

就一般施工项目而言，施工水污染造成的危害可分为以下几种：

（1）无序排放

在建筑工地上水经过使用后常被掺杂了污染物，比如泥砂、油污等，如果污水能被自行消化、吸收或循环再利用，避免随意排放，便可以缓解工地水体污染。然而，往往由于各种主观因素和客观因素，在施工项目中产生的污水会被直接排放于工地之外，常常会造成附近水体受到污染。

（2）随意弃置

在施工现场产生的水污染物多为3种形态：液体、固体及固液混合体。其中液体的污染物往往没被处理便被排放，从而引起水体污染。剩下两种形态的污染物则通常被运往工地外弃置，在被弃置的地方通过地下水、河流和海域等污染水体。

（3）生活污水

由于在工地常常会修建食堂及厕所供施工人员使用，因此这些地方会产生生活污水。其中，食堂产生的污水有洗涤食物水、肥皂水；厕所产生的污水则包括人类排泄物及冲厕水。而排放物常含有大量的生物营养物，在排放后易对附近环境造成水体污染，造成较为严重的后果。

（4）降水径流

降水常会随着附近的山涧、河流进入施工现场，在工地地面造成径流或积存，再混杂工地的污染物，比如泥砂，便会形成污水，经排放后污染水体，影响环境。

（5）意外事故

施工现场意外事故的发生常常会引起水体污染，比如发生化学物品泄漏、工地火灾或者水灾。每个施工现场都或多或少会存在一些潜在危机，例如工地在火灾时，便会有大量的喷射水作救火之用，那会造成工地大量用水积存及排放，进而污染水体。

其次，城市地下工程的发展及城市的基础工程施工也会对地下水资源产生不利影响。如果在工程施工中不注重对地下水资源的保护和监测，地下水资源将会遭受严重的流失和污染，对经济发展和生活环境造成巨大的负面影响。譬如，对于大型工程，随着基础埋置深度越来越深、基坑开挖深度的增加，不可避免地会遇到地下水。由于地下水的毛细作用、渗透作用和侵蚀作用均会对工程质量有一定影响，所以必须在施工中采取措施解决这些问题。通常的解决办法有两种：降水和隔水。降水对地下水的影响通常要强于隔水对地下水的影响。降水是强行降低地下水位至施工底面以下，使得施工在地下水位之上进行，以消除地下水对工程的负面影响。该种施工方法不仅造成地下水大量流失，改变地下水的径流路径，还由于局部地下水位降低，邻近地下水向降水部位流动，地面受污染的地表水会加速向地下渗透，对地下水造成更大的污染。更为严重的是由于降水使地下水局部形成漏斗状，改变了周围土体的应力状态，可能会使降水影响区域内的建筑物产生不均匀沉降，使周围建筑或地下管线受到影响甚至破坏，威胁人们的生命安全。另外，由于地下水的动力场和化学场发生变化，便会引起地下水中某些物理、化学组分及微生物含量发生变化，导致地下水内部失去平衡，从而使污染加剧。另外，施工中为改善土体的强度和抗渗能力所采取的化学注浆，施工产生的废水、洗刷水、废浆以及机械漏油等，都可能影响地下水质。

4. 施工过程污水特点

（1）无组织性

施工现场存在着较多无组织排水，因此对于施工现场水污染来说，无组织性是其一大特点。

（2）区域性

施工过程产生的污水性质会因其功能区的改变而改变，如生活污水和生产污水就是两种不同的水质，进而使得其污染程度和控制指标会有所不同。

（3）突发性

施工过程中由于会发生突发性事件，如施工造成的管道破损带来的污水泄漏，这种突发性事件会造成水污染的突然形成，因而其具有突发性。

第四节 施工过程污水控制指标

1. 控制指标的影响因素

1) 主要污染物为悬浮物、油类。

施工废水中悬浮物、油类含量偏高，出现上述结果的原因主要是因为工地进出车辆较多，因而造成油污指标较高。施工时产生大量扬尘会导致施工现场废水悬浮物过多。

2) 废水 pH 值均呈碱性。

造成这一结果主要是因为施工材料所致，由于施工过程中使用大量的混凝土和减水剂、早强剂、速凝剂等材料，这些材料水解会产生硅酸三钙（$3CaO \cdot SiO_2$）、硅酸二钙（$2CaO \cdot SiO_2$）、氢氧化钙（CaH_2O_2）等水溶性物质，这些物质均呈碱性，因而造成水中 pH 值升高。

3) 废水水质、水量不稳定，不同时间不同工地区别很大。

受不同地质条件和地下水位影响，不同工地废水量会不同，不同的施工工法所产生的废水量也不同，即便是同一工地在不同时期废水量和水质状况也会有很大变化。水量的不稳定给水质处理带来很大难度。

4) 施工水污染具有突发性。

当施工现场发生意外事故时，通常会导致水体污染。例如，发生化学物品泄漏、工地火灾或者水灾。发生化学药剂泄漏，会导致水体产生化学污染，若不及时处理，将会发生严重危害。

2. 施工过程污水控制指标

1) 施工生产、生活污水指标限值建议

对于施工现场污水排放进入不同类别水环境，施工现场污水的评价指标应设置不同限值，如表 3-4-1 所示，将污水排放进入的不同类别水环境分为如下 3 类：

一类区为集中式生活饮用水地表水源地二级保护区、鱼虾类越冬场、洄游通道、水产养殖区等渔业水域及游泳区。

二类区为一般工业用水区、人体非直接接触的娱乐用水区、农业用水区及一般景观要求水域。

三类区为下水道末端有污水处理厂的城镇。又可细分为 A、B、C 3 个等级，其中 A 等级为城镇下水道末端污水处理厂采用再生处理的城市；B 等级为城镇下水道末端污水处理厂采用二级处理的城市；C 等级为城镇下水道末端污水处理厂采用一级处理的城市。

一类区适用一级指标限值；二类区适用二级指标限值；三类区适用三级指标限值。

施工污水的水质指标建议（最高允许值）　　　　表 3-4-1

施工现场区域	控制项目名称	单位	一级	二级	三级		
					A 级	B 级	C 级
施工区	pH 值	—	6～9	6～9	6.5～9.5	6.5～9.5	6.5～9.5
	悬浮物	mg/L	70	150	400	400	300
	BOD_5	mg/L	20	30	350	350	150
	COD	mg/L	100	150	500	500	300
	石油类	mg/L	5	10	20	20	15
	氨氮	mg/L	15	25	45	45	25
	色度	倍	50	80	50	70	60
	铬	mg/L	1.5	1.5	1.5	1.5	1.5
	铜	mg/L	0.5	1	2	2	2
	锰	mg/L	2	2	2	5	5
	锌	mg/L	2	5	5	5	5
	镍	mg/L	1	1	1	1	1
	硫化物	mg/L	1	1	1	1	1
	氟化物	mg/L	10	10	20	20	20
	甲醛	mg/L	1	2	5	5	2
	三氯甲烷	mg/L	0.3	0.6	1	1	0.6
	三氯乙烯	mg/L	0.3	0.6	1	1	0.6
	四氯乙烯	mg/L	0.1	0.2	0.5	0.5	0.2
生活区	pH 值	—	6～9	6～9	6.5～9.5	6.5～9.5	6.5～9.5
	悬浮物	mg/L	70	150	400	400	300
	BOD_5	mg/L	20	30	350	350	150
	COD	mg/L	100	150	500	500	300
	动植物油	mg/L	10	15	100	100	100
	氨氮	mg/L	15	25	45	45	25
	总磷	mg/L	0.2	0.3	8	8	5
	总氮	mg/L	1	1.5	70	70	45
	色度	mg/L	50	80	50	70	60
	铬	mg/L	1.5	1.5	1.5	1.5	1.5
	铜	mg/L	0.5	1	2	2	2
	锰	mg/L	2	2	2	5	5
	锌	mg/L	2	5	5	5	5
	镍	mg/L	1	1	1	1	1
	挥发酚	mg/L	0.5	0.5	1	1	0.5

表 3-4-1 中一级指标限值采用《污水综合排放标准》GB 8978—1996 中表 4 中的一级标准（总磷、总氮除外），由于该标准中没有对总磷以及总氮提出限值要求，所以采用《地表水环境质量标准》GB 3838—2002 中表 1 的 Ⅲ 类水环境的指标限值。表 3-4-1 中二级指标采用《污水综合排放标准》GB 8978—1996 中表 4 中的一级标准（总磷、总氮除外），由于该标准中没有对总磷以及总氮做限值要求，所以采用《地表水环境质量标准》GB 3838—2002 中表 1 的 Ⅳ、Ⅴ 类水环境的指标限值；表 3-4-1 中三级指标限值采用《污水排入城镇下水道水质标准》GB/T 31962—2015 中表 1 的 A、B、C 等级。

2）施工杂用水水质指标限值建议

施工杂用水是指在建筑施工现场的土壤压实、灰尘抑制、混凝土冲洗、混凝土拌合用水，对于建筑施工杂用水的水质需要符合表 3-4-2 中的限值。

施工杂用水水质标准 表 3-4-2

序号	项　目		限　值
1	pH 值		6.0～9.0
2	色（度）	≤	30
3	嗅	≤	无不快感
4	浊度（NTU）	≤	20
5	五日生化需氧量（BOD_5）（mg/L）	≤	15
6	氨氮（mg/L）	≤	20
7	阴离子表面活性剂（mg/L）	≤	1.0
8	溶解氧（mg/L）	≥	1.0
9	总余氯（mg/L）		接触 30min 后 ≥ 1.0，管网末端 ≥ 0.2
10	总大肠菌群（个 /L）	≤	3

表 3-4-2 中限值采用《城市污水再生利用 城市杂用水水质》GB 18920—2002 中表 1 的"建筑施工"类限值。

当施工杂用水用于混凝土拌合时还需满足表 3-4-3 的要求。

混凝土拌合用水水质要求 表 3-4-3

项目	预应力混凝土	钢筋混凝土	素混凝土
pH 值	≥ 5.0	≥ 4.5	≥ 4.5
不溶物（mg/L）	≤ 2000	≤ 2000	≤ 5000
可溶物（mg/L）	≤ 2000	≤ 5000	≤ 10000
Cl^-（mg/L）	≤ 500	≤ 1000	≤ 3500
SO_4^{2-}（mg/L）	≤ 600	≤ 2000	≤ 2700
碱含量（mg/L）	≤ 1500	≤ 1500	≤ 1500

表 3-4-3 中限值采用《混凝土用水标准》JGJ 63—2006 表 3.1.1 的规定值。

第五节 监测参数选择

根据《建筑工程绿色施工规范》GB/T 50905—2014 中有关水污染的规定，如表 3-5-1 所示，该规范适用于新建、扩建、改建及拆除等建筑工程的绿色施工。

《建筑工程绿色施工规范》水污染相关条款   表 3-5-1

规范节号	具体内容
3.2.2	节水及水资源利用应符合下列规定： 1. 现场应结合给排水点位置进行管线线路和阀门预设位置的设计，并采取管网和用水器具防渗漏的措施； 2. 施工现场办公、生活区的生活用水应采用节水器具； 3. 宜建立雨水、中水或其他可利用水资源的收集利用系统； 4. 应按生活用水与工程用水的定额指标进行控制； 5. 施工现场喷洒路面，绿化浇灌不宜使用自来水
3.3.4	水污染控制应符合下列规定： 1. 污水排放应符合现行行业标准《污水排入城镇下水道水质标准》GB/T 31962 的有关要求； 2. 使用非传统水源和现场循环水时，宜根据实际情况对水质进行检测； 3. 施工现场存放的油料和化学溶剂等物品应设专门库房，地面应做防渗漏处理。废弃的油料和化学溶剂应集中处理，不得随意倾倒。 4. 易挥发、易污染的液态材料，应使用密闭容器存放； 5. 施工机械设备使用和检修时，应控制油料污染；清洗机具的废水和废油不得直接排放； 6. 食堂、盥洗室、淋浴间的下水管线应设置过滤网，食堂应另设隔油池； 7. 施工现场宜采用移动式厕所，并应定期清理。固定厕所应设化粪池； 8. 隔油池和化粪池应做防渗处理，并应进行定期清运和消毒
6.5	地下水控制应符合下列规定： 6.5.1 基坑降水宜采用基坑封闭降水的方法； 6.5.2 基坑施工排出的地下水应加以应用； 6.5.3 采用井点降水施工时，地下水位与作业面高差宜控制在 250mm 以内，并应根据施工进度进行水位自动控制； 6.5.4 当无法采用基坑封闭降水，且基坑抽水对周围环境可能造成不良影响时，应采用对地下水无污染的回灌方法
7.2.6	钢筋加工中使用的冷却液体，应过滤后循环使用，不得随意排放
7.2.27	清洗泵送设备和管道的污水应经沉淀后回收利用，浆料分离后可作室外道路、地面等热层的回填材料
8.2.4	施工现场切割地面块材时，应采取降噪措施；污水应集中收集处理
11.1.2	建筑物拆除过程应控制废水、废弃物、粉尘的产生和排放
11.2.5	拆除施工前，应制定防尘措施；采取水淋法降尘时，应采取控制用水量和污水流淌的措施

可以看出规范对于节水与水资源保护做出了相应规定，对施工各个阶段可能产生的水污染问题做出了预防措施，污水排放还应符合现行行业标准《污水排入城镇下水道水质标准》GB/T 31962—2015 的有关要求如表 3-5-2 所示。

污水排入城镇下水道水质控制项目限值　　　　表 3-5-2

序号	控制项目名称	单位	A 等级	B 等级	C 等级
1	水温	℃	40	40	40
2	悬浮物	mg/L	400	400	250
3	动植物油	mg/L	100	100	100
4	石油类	mg/L	15	15	10
5	pH 值	—	6.5～9.5	6.5～9.5	6.5～9.5
6	色度	倍	64	64	64
7	易沉固体	mL/（L・15min）	10	10	10
8	溶解性总固体	mg/L	1500	2000	2000
9	五日生化需氧量（BOD_5）	mg/L	350	350	150
10	化学需氧量（COD）	mg/L	500	500	300
11	氨氮（以 N 计）	mg/L	45	45	25
12	总氮（以 N 计）	mg/L	70	70	45
13	总磷（以 P 计）	mg/L	8	8	5
14	总氰化物	mg/L	0.5	0.5	0.5
15	阴离子表面活性剂（LAS）	mg/L	20	20	10
16	总余氯（以 Cl_2 计）	mg/L	8	8	6
17	硫化物	mg/L	1	1	1
18	氟化物	mg/L	20	20	20
19	氯化物	mg/L	500	800	800
20	硫酸盐	mg/L	400	600	600
21	总汞	mg/L	0.005	0.005	0.005
22	总镉	mg/L	0.05	0.05	0.05
23	总铬	mg/L	1.5	1.5	1.5
24	六价铬	mg/L	0.5	0.5	0.5
25	总砷	mg/L	0.3	0.3	0.3
26	总铅	mg/L	0.5	0.5	0.5
27	总镍	mg/L	1	1	1
28	总铍	mg/L	0.005	0.005	0.005
29	总银	mg/L	0.5	0.5	0.5
30	总硒	mg/L	0.5	0.5	0.5

续表

序号	控制项目名称	单位	A 等级	B 等级	C 等级
31	总铜	mg/L	2	2	2
32	总锌	mg/L	5	5	5
33	总锰	mg/L	2	5	5
34	总铁	mg/L	5	10	10
35	挥发酚	mg/L	1	1	0.5
36	苯系物	mg/L	2.5	2.5	1
37	苯胺类	mg/L	5	5	2
38	硝基苯类	mg/L	5	5	3
39	甲醛	mg/L	5	5	2
40	三氯甲烷	mg/L	1	1	0.6
41	四氯化碳	mg/L	0.5	0.5	0.06
42	三氯乙烯	mg/L	1	1	0.6
43	四氯乙烯	mg/L	0.5	0.5	0.2
44	五氯酚	mg/L	5	5	5
45	有机磷农药 （以 P 计）	mg/L	0.5	0.5	0.5
46	可吸附有机卤化物（AOX，以 Cl 计）	mg/L	8	8	5

其中 A 等级为城镇下水道末端污水处理厂采用再生处理的城市，B 等级为城镇下水道末端污水处理厂采用二级处理的城市，C 等级为城镇下水道末端污水处理厂采用一级处理的城市。

考虑施工现场可能的水污染情况，对施工区和生活区的水进行区分监测，监测参数建议如下：

（1）施工区

pH 值、悬浮物、BOD$_5$、COD、石油类、氨氮、色度、铬、铜、锰、锌、镍、硫化物、氟化物、甲醛、三氯甲烷、三氯乙烯、四氯乙烯等。

（2）生活区

pH 值、悬浮物、BOD$_5$、COD、动植物油、氨氮、总磷、总氮、色度、铬、铜、锰、锌、镍、挥发酚等。

pH 值表示的是溶液中氢离子浓度的负对数，是最常用的水质指标之一。天然水的 pH 值范围多在 6 ～ 9；日常饮用水 pH 值要求控制在 6.5 ～ 8.5；为了防止对金属设备和管道造成腐蚀，某些工业用水的 pH 值必须严格控制在 7.0 ～ 8.5。pH 值在废水生化处理、水质评估方面具有重要的指导意义。

悬浮物指悬浮在水中的固体物质，包括不溶于水的无机物、有机物及泥砂、黏土、微生物等。水中悬浮物含量是衡量水污染程度的指标之一。同时悬浮物是造成水浑浊的主要原因。

油类物质包括石油和动植物油。水体石油污染指石油进入河流、湖泊或地下水后，其含量超过了水体的自净能力，使水质和底质的物理、化学性质或生物群落组成发生变化，从而降低水体的使用价值和使用功能。

化学需氧量（COD）是以化学方法测量水样中需要被氧化的还原性物质的量。化学需氧量高，意味着水中含有大量还原性物质，其中主要是有机污染物。化学需氧量越高，表示废水的有机物污染越严重，这些有机物污染的来源可能是农药、化工厂、有机肥料等。如果不进行处理，许多有机污染物在江底被底泥吸附后沉积下来，对水生生物造成持久的毒害。

氨氮（NH_3-N）是指水中以游离氨（NH_3）和铵根离子（NH^{4+}）形式存在的氮。人畜粪便中的含氮有机物很不稳定，容易分解成氨。氨氮是水体中的营养素，可导致水富营养化现象，是水体中的主要耗氧污染物，对鱼类及某些水生生物有毒害。

五日生化需氧量（BOD_5）是指在一定条件下，微生物分解存在于水中的可生化降解有机物所进行的生物化学反应过程中所消耗的溶解氧的数量。它间接反映了水中可生物降解的有机物数量，说明水中有机物在微生物的生化作用下被氧化分解，使之无机化或气体化时所消耗水中溶解氧的总数量。其值越高，说明水中有机污染物质越多，污染也就越严重。

总磷（TP）是水样经消解后将各种形态的磷转变成正磷酸盐后测定的结果，以每升水样含磷毫克数计量。其主要来源为生活污水、化肥、有机磷农药及洗涤剂所用的磷酸盐增洁剂等。

总氮是指水中各种形态无机和有机氮的总量。水中的总氮含量是衡量水质的重要指标之一。其测定有助于评价水体被污染和自净状况。地表水中氮、磷物质超标时，微生物大量繁殖，浮游生物生长旺盛，出现富营养化。

第六节　监　测　方　法

水污染自动监测系统通常设置在河流两岸、湖泊和水库的出入口、工厂废水排出口、污水处理厂排水口等处，由监测站、数据通信系统和监测中心3部分组成。由于其价格昂贵、系统复杂，施工现场通常不布设水污染自动监测系统。如果需要对水质进行检测，通常需要采样后交给专业机构进行实验室分析。

1. 监测仪器

1）采样容器

对于污水采集需要用到的容器有溶解氧瓶、聚乙烯瓶、硬质玻璃瓶。其中用于测定五日生化需氧量（BOD₅）的污水样品必须采用溶解氧瓶进行收集，用于测定化学需氧量（COD）、油类、总大肠菌群的污水样品须用硬质玻璃瓶进行收集，其他指标的收集可用硬质玻璃瓶或者聚乙烯瓶进行收集。

2）水质检测仪

（1）便携式多参数水质测定仪

便携式多参数水质测定仪是一种可以快速检测水质的仪器，操作简便，结果准确。可与配套试剂同时使用，不需要配置标准溶液即可快速得到结果，便于现场采样测定如图 3-6-1 所示。

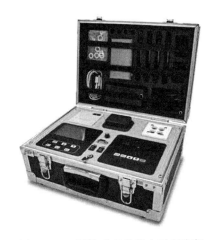

图 3-6-1　便携式多参数水质测定仪

（2）COD、氨氮、总磷、总氮测定仪

该仪器可以同时测定 COD、氨氮、总磷、总氮 4 个参数，同时具备 PID 自动调节技术以及曲线自校、自动调零等功能，增强了仪器的精准度以及稳定性。另外还内置有微型热敏打印机，可直接打印实验数据如图 3-6-2 所示。COD、氨氮、总磷、总氮四合一测定仪针对 COD 采用密闭消解比色法，氨氮采用纳氏试剂比色法，总磷采用密闭消解比色法，总氮采用密闭消解比色法。

图 3-6-2　COD、氨氮、总磷、总氮测定仪

（3）BOD 测定仪

是测定水体生物需氧量的仪器如图 3-6-3 所示。生物需氧量（BOD）是微生物在一定条件下的水体中生长所消耗氧气的量，是一种用于监测水中有机物污染的环境

监测指标。

图 3-6-3 BOD 测定仪

2. 测点位置和数量

1）监测点布置原则

按照规范《污水监测技术规范》HJ 91.1—2019 的规定，监测采样点的设置必须满足下列要求：

在污染物排放（控制）标准规定的监控位置设置监测点位。

对于环境中难以降解或能在动植物体内蓄积，对人体健康和生态环境产生长远不良影响，具有致癌、致畸、致突变的，根据环境管理要求确定应在车间或生产设施排放口监控的水污染物，在含有此类水污染物的污水与其他污水混合前的车间或车间预处理设施的出水口设置监测点位，如果含此类水污染物的同种污水实行集中预处理，则车间预处理设施排放口是指集中预处理设施的出水口。如环境管理有要求，还可同时在排污单位的总排放口设置监测点位。

对于其他水污染物，监测点位设在排污单位的总排放口。如环境管理有要求，还可同时在污水集中处理设施的排放口设置监测点位。

2）监测频次

（1）监测频次应能反映真实排污情况和环境保护治理设施的处理效果，并应使工作量最小化。

（2）工业废水按生产周期和生产特点确定监测频率。一般每个生产日至少 3 次。

（3）对有污水处理设施并正常运转或建有调节池的建设项目，其污水为稳定排放的可采瞬时样，但不得少于 3 次。

（4）对污水处理设施处理效率测试的采样频次可适当减少。对非稳定排放源、大型重点项目排放源，必须采用加密监测的方法。

（5）对于污染治理、环境科研、污染源调查和评价等工作中的污水监测，其采样频次可以根据工作方案的要求另行确定。

（6）《城市污水再生利用 城市杂用水水质》GB/T 18920—2002 中规定了施工杂用水采样频次如表 3-6-1 所示。

施工杂用水采样频次   表 3-6-1

序 号	项 目	采样频次
1	pH 值	每日 1 次
2	色度	每日 1 次
3	浊度	每日 2 次
4	BOD$_5$	每周 1 次
5	氨氮	每周 1 次
6	阴离子表面活性剂	每周 1 次
7	溶解氧	每日 1 次
8	总余氯	每日 2 次
9	总大肠菌群	每周 3 次
10	嗅	每日 1 次

3. 监测操作步骤

1）采样容器

通常的采样方法有直接采样与利用自动水质采样器采样。

直接采样时按照规范《污水监测技术规范》HJ 91.1—2019 中规定的容器以及采样量采样。

当使用自动水质采样器采样时，应当把采样器的采水用配管沉到采样点的适当深度，配管的尖端附近装上 2mm 筛孔的耐腐蚀筛网，防止杂质进入配管及泵内。

2）水样保存及运输

水样的保存应按照相关规定进行。凡能做现场测定的项目，均应在现场测定。

水样运输前应将容器的外（内）盖盖紧。装箱时应用泡沫塑料等分隔，以防破损。箱子上应有"切勿倒置"等明显标志。同一采样点的样品瓶应尽量装在同一个箱子中；如分装在几个箱子内，则各箱内均应有同样的采样记录表。运输前应检查所采水样是否已全部装箱。运输时应有专门押运人员押运，水样移交化验室时，应有交接手续。

3）监测方法

（1）监测项目确定

实际监测时，应当对施工项目的污水进行全面指标测定，确定该项目的真实污染指标，然后再进行有针对性的监测。表 3-6-2 为初步假定监测指标。

施工水污染监测指标   表 3-6-2

生 产 污 水	生 活 污 水	施 工 杂 用 水	混凝土拌合水
pH 值	pH 值	pH 值	pH 值
悬浮物	COD	色度	不溶物
油类物质	BOD$_5$	浊度	可溶物

续表

生产污水	生活污水	施工杂用水	混凝土拌合水
氨氮	**悬浮物**	**氨氮**	**Cl⁻**
COD	**氨氮**	阴离子表面活性剂	SO_4^{2-}
BOD₅	动植物油	溶解氧	碱含量
色度	**总氮**	总余氯	
硫化物	**总磷**	总大肠菌群	
氟化物	**挥发酚**	嗅	
锰	锰	**BOD₅**	
镍	镍		
锌	锌		
铬	铬		
铜	铜		
甲醛	色度		
三氯甲烷			
三氯乙烯			
四氯乙烯			

注：其中加粗为必测指标，其余为选测指标。

（2）指标检测仪测定

为了施工现场监测方便，快速测定现场水污染指标，可以采用指标检测仪测定所选定监测指标，见表3-6-3。

检测仪测定指标表　　　　　　　　　　　　　　　　表 3-6-3

序　号	项　目	检测仪器
1	pH 值	
2	悬浮物	
3	色度	
4	浊度	
5	溶解氧	
6	总余氯	
7	铬	多参数水质测定仪
8	铜	
9	锰	
10	锌	
11	镍	
12	挥发酚	
13	硫化物	

续表

序 号	项 目	检测仪器
14	阴离子表面活性剂	多参数水质测定仪
15	甲醛	
16	氟化物	
17	BOD$_5$	BOD 测定仪
18	总磷	COD、氨氮、总磷、总氮测定仪
19	COD	
20	总氮	
21	氨氮	

以上水质检测仪还有石油类、三氯甲烷、三氯乙烯、四氯乙烯、动植物油植物油、总大肠杆菌群不能测定，对于这几项指标需进行送样检测。

第七节 数据记录整理

1. 监测数据记录

记录各测点监测数据，具体见表 3-7-1～表 3-7-4。

测点＿＿＿＿生产污水水质监测数据记录 表 3-7-1

项目	处理前				处理后			
	基坑支护与土石方施工阶段	地下室结构施工阶段	主体结构施工阶段	装饰装修施工阶段	基坑支护与土石方施工阶段	地下室结构施工阶段	主体结构施工阶段	装饰装修施工阶段
pH 值								
悬浮物								
BOD$_5$								
COD								
油类物质								
氨氮								
色度								
铬								
铜								
锰								
锌								
镍								
硫化物								
氟化物								

续表

项目	处理前				处理后			
	基坑支护与土石方施工阶段	地下室结构施工阶段	主体结构施工阶段	装饰装修施工阶段	基坑支护与土石方施工阶段	地下室结构施工阶段	主体结构施工阶段	装饰装修施工阶段
甲醛								
三氯甲烷								
三氯乙烯								
四氯乙烯								

测点_____生活污水水质监测数据记录　　　　表 3-7-2

项目	处理前				处理后			
	基坑支护与土石方施工阶段	地下室结构施工阶段	主体结构施工阶段	装饰装修施工阶段	基坑支护与土石方施工阶段	地下室结构施工阶段	主体结构施工阶段	装饰装修施工阶段
pH 值								
悬浮物								
BOD_5								
COD								
动植物油								
氨氮								
总磷								
总氮								
色度								
铬								
铜								
锰								
锌								
镍								
挥发酚								

测点_____施工杂用水水质监测数据记录　　　　表 3-7-3

项目	处理前				处理后			
	基坑支护与土石方施工阶段	地下室结构施工阶段	主体结构施工阶段	装饰装修施工阶段	基坑支护与土石方施工阶段	地下室结构施工阶段	主体结构施工阶段	装饰装修施工阶段
pH 值								
色度								
嗅								
浊度								

续表

项目	处理前				处理后			
	基坑支护与土石方施工阶段	地下室结构施工阶段	主体结构施工阶段	装饰装修施工阶段	基坑支护与土石方施工阶段	地下室结构施工阶段	主体结构施工阶段	装饰装修施工阶段
BOD_5								
氨氮								
阴离子表面活性剂								
溶解氧								
总余氯								
总大肠菌群								

测点_____混凝土拌合水水质监测数据记录　　　　表 3-7-4

项目	处理前				处理后			
	基坑支护与土石方施工阶段	地下室结构施工阶段	主体结构施工阶段	装饰装修施工阶段	基坑支护与土石方施工阶段	地下室结构施工阶段	主体结构施工阶段	装饰装修施工阶段
pH 值								
不溶物								
可溶物								
Cl^-								
SO_4^{2-}								
碱含量								

2. 监测结果评价

1）施工生产、生活污水评价

对于施工现场污水排放进入不同类别水环境，施工现场污水的评价指标应设置不同限值，以三类区城镇下水道末端处理采用二级处理的城市为例，指标限值见表 3-7-5，不同类别水环境分为 3 类。

根据被测定施工现场所处的环境区域，首先需要确定其符合哪一个类别，再根据表 3-4-1 确定所测定的指标限值。

施工生产、生活污水监测结果评价　　　　表 3-7-5

施工现场区域	控制项目指标	限值	处理后浓度（mg/L，pH 值除外）				是否达标
			基坑支护与土石方施工阶段	地下室结构施工阶段	主体结构施工阶段	装饰装修施工阶段	
施工区	pH 值	6.5～9.5					
	悬浮物	400					
	BOD_5	350					

续表

施工现场区域	控制项目指标	限值	处理后浓度（mg/L，pH 值除外）				是否达标
			基坑支护与土石方施工阶段	地下室结构施工阶段	主体结构施工阶段	装饰装修施工阶段	
施工区	COD	500					
	石油类	20					
	氨氮	45					
	色度	70					
	铬	1.5					
	铜	2					
	锰	5					
	锌	5					
	镍	1					
	硫化物	1					
	氟化物	20					
	甲醛	5					
	三氯甲烷	1					
	三氯乙烯	1					
	四氯乙烯	0.5					
生活区	pH 值	6.5～9.5					
	悬浮物	400					
	BOD_5	350					
	COD	500					
	动植物油	100					
	氨氮	45					
	总磷	8					
	总氮	70					
	色度	70					
	铬	1.5					
	铜	2					
	锰	5					
	锌	5					
	镍	1					
	挥发酚	1					

注：表内限值以表 3-4-1 中三级 B 级为例，当为其他类别时，应相应调整。

2）施工杂用水水质评价

对于施工现场有中水系统时，应对建筑施工杂用水进行评价，评价指标应根据杂用水类型不同，设置不同限值，见表 3-7-6 和表 3-7-7，建筑施工杂用水需要满足表 3-4-2 的限值要求，当用于混凝土拌合时，须满足表 3-4-3 的要求。

施工杂用水监测结果评价 表 3-7-6

施工现场区域	控制项目指标	限值	浓度（mg/L，pH 值除外）				是否达标
			基坑支护与土石方施工阶段	地下室结构施工阶段	主体结构施工阶段	装饰装修施工阶段	
施工区	pH 值	6.0～9.0					
	色度	≤ 30					
	嗅	无不快感					
	浊度（NTU）	≤ 20					
	BOD_5（mg/L）	≤ 15					
	氨氮（mg/L）	≤ 20					
	阴离子表面活性剂（mg/L）	≤ 1.0					
	溶解氧（mg/L）	≥ 1.0					
	总余氯（mg/L）	接触 30min 后≥ 1.0 管网末端≥ 0.2					
	总大肠菌群（个 /L）	≤ 3					

混凝土拌合水监测结果评价 表 3-7-7

施工现场区域	控制项目指标	限值	浓度（mg/L，pH 值除外）				是否达标
			基坑支护与土石方施工阶段	地下室结构施工阶段	主体结构施工阶段	装饰装修施工阶段	
施工区	pH 值	≥ 4.5					
	不溶物	≤ 2000					
	可溶物	≤ 5000					
	Cl^-	≤ 1000					
	SO_4^{2-}	≤ 2000					
	碱含量	≤ 1500					

注：表内限值以表 3-4-3 中钢筋混凝土为例，当用于其他混凝土时，应相应调整。

3. 监测注意事项

1）采样注意事项

（1）采样时不可搅动水底的沉积物。

（2）采样时应保证采样点的位置准确。必要时使用定位仪（GPS）定位。

（3）保证采样按时、准确、安全。

（4）采样结束前，应核对采样计划、记录与水样，如有错误或遗漏，应立即补采或重采。

（5）如采样现场水体很不均匀，无法采到有代表性的样品，则应详细记录不均匀的情况和实际采样情况，供使用该数据者参考。并将此现场情况向环境保护行政主管部门反映。

（6）测定油类的水样，应在水面至水面下300mm采集柱状水样，并单独采样，全部用于测定。并且采样瓶（容器）不能用采集的水样冲洗。

（7）测溶解氧、生化需氧量和有机污染物等项目时，水样必须注满容器，上部不留空间，并有水封口。

（8）如果水样中含沉降性固体（如泥砂等），则应分离除去。

（9）测定油类、BOD_5、DO、硫化物、余氯、粪大肠菌群、悬浮物、放射性等项目要单独采样。

2）采样质量保证

（1）对不同的监测分析对象所选用的分析方法要按照现行标准或规范的规定确定。

（2）水质采样的质量保证应符合下列要求：

①采样人员必须掌握采样技术，熟知水样固定、保存、运输条件。

②采样点应有明显的标志物，采样人员不得擅自改动采样位置。

③采样时，除细菌总数、大肠菌群、油类、DO、BOD_5、有机物、余氯等有特殊要求的项目外，要先用采样水荡洗采样器与水样容器2～3次，然后再将水样采入容器中，并按要求立即加入相应的固定剂，贴好标签。应使用正规的不干胶标签。

④每次分析结束后，除必要的留存样品外，样品瓶应及时清洗。水环境例行监测水样容器和污染源监测水样容器应分架存放，不得混用。各类采样容器应按测定项目与采样点位分类编号，固定专用。

第四章　施工现场噪声监测

第一节　噪声的概念

噪声是指发声体做无规则振动时发出的音高和音强变化混乱、听起来不和谐的声音。声音由物体的振动产生，以波的形式在一定的介质（如固体、液体、气体）中进行传播。从生理学观点来看，凡是干扰人们休息、学习和工作以及对人们要听的声音产生干扰的声音，即不需要的声音，统称为噪声。

第二节　施工噪声污染

根据国家标准《建筑施工场界环境噪声排放标准》GB 12523—2011 的术语规定建筑施工噪声是指"建筑施工过程中产生的干扰周围生活环境的声音"。该标准同时规定：建筑施工过程中场界环境噪声白天不得超过 70dB（A），夜间不得超过 55dB（A）。

第三节　施工过程中噪声特点

1. 施工场地主要噪声源

根据《中华人民共和国噪声污染防治法》规定，建筑噪声是指在建筑施工过程中产生的干扰周围生活环境的声音。结合实际建筑施工过程的各个阶段和相关设备噪声来源来看，主要分为：

① 土石方阶段：推土机、挖掘机、装载机、各种运输车辆等。

② 打桩阶段：各种打桩机或灌装机、运输车辆等。

③ 结构施工阶段：混凝土搅拌机、振动棒、电锯、切割机、起重机、升降机及各种发电机、运输车辆等。

④ 装修阶段：起重机、升降机、切割锯、打磨机、电锯及各种运输车辆等。

1）土石方阶段主要噪声源

土石方施工是建筑施工的第一阶段。这一阶段中，主要应用的工程机械是挖掘机、推土机、装载机以及各种运输车辆。这些移动性的机械设备是土石方施工的主要噪声源。在这些噪声源中，有些声源如各种运输车辆移动的范围比较大，有些声源如推土机、挖掘机等相对移动的范围较小。表 4-3-1 为《噪声与振动控制工程手册》（以下简称《手册》）中给出的一些典型的土石方施工机械噪声特性。由于国家有规定，重型卡车白天不能进入市区，只能利用夜间运输土石方，所以，土石方施工时各种设备配合运输车辆在夜间运行，车辆巨大的轰鸣声使得周边环境夜间的噪声污染程度高于白天，严重影响周边居民的休息。

土石方主要施工噪声特性 表 4-3-1

分　类	施工机械名称	声　级		声功率级 dB（A）	指　向　性
		距离（m）	dB（A）		
翻斗车	195 翻斗车	3	83.6	103.6	无
	190 翻斗车	3	88.8	106.3	无
	东方 195	3	80.7	98.3	无
推土机	75 马力推土机	3	85.5	105.5	无
	国产 D80D 推土机	5	92.0	115.7	无
	俄 108 推土机	5	89.0	112.5	无
	100－推土机	3	88.0	108.0	无
	D80－12 推土机	4	94.0	115.0	无
挖掘机	建设 101 挖掘机	5	84.0	107.0	无
	VB1232 挖掘机	5	84.0	107.5	无
	波兰海鸥挖掘机	5	86.0	109.5	无
	KATO 挖掘机	15	79.0	114.0	无
	WY 挖掘机	5	75.5	99.0	无
	波兰 83 挖掘机	5	85.0	108.5	无
	德 VB 挖掘机	5	83.6	107.0	无
装载机	ZL-90 装载机	5	85.7	105.7	无
	ZL-20 装载机	5	83.7	105.7	无
	ZL-20AA 装载机	15	84.0	114.0	无

从表 4-3-1 中可以看出，土石方阶段机械声功率级范围为 100 ～ 120dB（A），声源无明显的指向性。

2）基础施工主要噪声源

基础施工主要是为建筑的整体打好地基。基础施工的主要噪声源是各种打桩机，以及一些掘井机、风镐、移动式空压机等，这些设备都是固定声源。其中，打桩机噪声为脉冲噪声，声级起伏范围为 10 ～ 20dB（A），周期为几秒数量级。表 4-3-2 为《手册》中给出的基础施工主要施工机械噪声特性。

基础施工主要施工机械噪声特性 表 4-3-2

分　类	施工机械名称	声　级		声功率级 dB（A）	指　向　性
		距离（m）	dB（A）		
打桩机	1.8t 导轨式打桩机	15	85.0	116.5	有
	R23 型打桩机	15	104.0	136.0	有
	60P45C3t 打桩机	15	104.8	136.3	较明显
	KB4.5t 打桩机	15	104.0	136.0	较明显
	85P80C4.5t 打桩机	15	99.6	131.0	较明显
	2.5t 打桩机	15	96.0	127.5	较明显
	上海 1.8t 打桩机	8	92.5	118.0	较明显

分 类	施工机械名称	声 级		声功率级 dB（A）	指 向 性
		距离（m）	dB（A）		
打井机 钻机	KYC22 打井机 大口径工程钻机	3 15	84.3 62.2	101.8 96.8	无 无
起重机	NK-20B 液压起重机 2DK 起重机 汽车起重机	8 15 15	76.0 71.5 73.0	102.0 103.0 103.0	无 无 无
平地机	PY160A 平地机 PY160A 平地机	15 3	85.7 87.5	105.7 —	无 无
空压机	ZW-9/7 型空压机 移动式空压机	15 3	92.0 92.0	127.0 109.5	无 无
风镐	风镐（1） 风镐（2）	1 15	102.5 79.0	110.5 113.0	无 无
发电机	20 马力柴油发电机	1	99	—	无

从表 4-3-2 中可以看出：打桩机是基础阶段最典型和最大的噪声源，打桩机声功率级范围为 125～136dB（A），其噪声时间特性为脉冲噪声，且具有明显的指向性。

3）建筑主体结构施工主要噪声源

建筑主体结构施工是建筑施工中周期最长的阶段。在这一阶段施工的人员较多，而且使用的施工机械设备种类繁多，主要设备有各种运输车辆、汽车起重机，塔式起重机、运输平台、施工电梯、混凝土输送泵、振动棒、电锯等。现场观测到的噪声，不但有各种施工机械在作业时产生的噪声，而且还有人的呼喊声，各种金属材料的摩擦声、碰撞声，切割钢筋时的电锯与材料的摩擦声等。在这些噪声中，有的声源特性较为稳定，如振动棒、混凝土输送泵等所产生的噪声；有的属于瞬时噪声，如各种碰撞声等。主体结构施工时有些噪声源的位置也并不固定，很多噪声源随施工进程的发展变换位置，随机性比较大，例如碰撞声、人的呼喊声等；有些噪声源的位置相对比较固定，如混凝土输送泵产生的噪声和钢筋加工区内切割钢筋的噪声。表 4-3-3 为《手册》中给出的建筑主体结构施工阶段机械噪声特性。

建筑主体结构施工阶段机械噪声特性 表 4-3-3

分 类	施工机械名称	声 级		声功率级 dB（A）	指 向 性
		距离（m）	dB（A）		
汽车起重机	16t 汽车起重机	15	71.5	103.0	无
塔式起重机	塔式起重机（3～8t）	2	73.0	—	无
水泥泵车	混凝土搅拌泵车 混凝土搅拌车	8 4	83.0 90.6	109.0 110.0	无 无

续表

分　类	施工机械名称	声　级		声功率级 dB（A）	指　向　性
		距离（m）	dB（A）		
振动棒	50mm 振动棒 混凝土振荡器	2 15	87.0 78.0	101.0 112.0	无 无
电锯	电锯 WJ-104 型圆锯机	1 15	103.0 84.0	110.0 119.0	无 无
发电机	柴油发电机	2	95.0	—	无

　　施工现场发现混凝土输送泵和振动棒在建筑主体结构施工阶段不仅使用的时间较长和频率较高，而且声功率级较高。在施工过程中，浇灌混凝土的时间往往要24h、甚至48h 连续作业，并且按照施工组织安排，一般情况下 3 ～ 4d 进行一次混凝土浇灌。所以，建筑主体结构施工阶段最大的噪声源是混凝土输送泵和振动棒，由于混凝土的商品化，混凝土运输搅拌车被广泛地运用于施工工地，其声功率级为 100dB（A）左右，也是此阶段一个主要的移动噪声源。

　　4）装修施工主要噪声源

　　装修施工是建筑施工的最后一个阶段，在此阶段中所用的施工机械数量较少，强噪声源较少；装修施工的主要噪声源包括砂轮锯、电钻、电梯、起重机、材料切割机、卷扬机等。表 4-3-4 为《手册》给出的装修阶段施工机械作业噪声频谱。

装修阶段施工机械作业噪声频谱　　　　　　表 4-3-4

分　类	施工机械名称	声　级		声功率级 dB（A）	指　向　性
		距离（m）	dB（A）		
砂轮锯	砂轮锯	3	86.5	104.0	有
切割机	切割机	1	88.0	96.0	有
磨石机	磨石机	1	82.5	90.5	无
卷扬机	电动卷扬机	1	84.0	85.0 ～ 90.0	无
起重机	德国 ZDK2.8t	15	71.5	103.0	无
电锯	木工电锯	1	103.0	110.0	有
电刨	木工压刨 木工平刨	2 2	90.0 85.0	— —	— —

　　由表 4-3-4 中数据可知，装修阶段的施工机械噪声有如下特征：① 大多数声源声功率较低，一般在 90dB（A）左右；② 由于主体结构已经完工，部分施工机械的工作环境已经不是开放性的，声源所处环境是半封闭状态，这样有利于噪声的屏蔽，能有效地降低噪声对周边环境的影响。

2. 施工过程噪声类型

噪声污染按声源的机械特点可分为：气体扰动产生的噪声、固体振动产生的噪声、液体撞击产生的噪声以及电磁作用产生的电磁噪声。噪声按声音的频率可分为：$< 400Hz$ 的低频噪声、$400 \sim 1000Hz$ 的中频噪声、$> 1000Hz$ 的高频噪声。

3. 施工过程噪声危害

噪声污染对人、动物、仪器仪表以及建筑物均造成危害，其危害程度主要取决于噪声的频率、强度及暴露时间。噪声危害主要包括：

1）噪声对人体健康的影响

一般噪声高过 50dB（A），就对人类日常工作生活产生有害影响。具体危害如下：

（1）听力损伤

噪声会伤害耳朵感声器官（耳蜗）的感觉发细胞，一旦感觉发细胞受到伤害，则永远不会复原。感觉高频率的感觉发细胞最容易受到噪声伤害，一般人听力若已经受到噪声伤害，如果没有做听力检查是不会发现的。早期听力的丧失在 4000Hz 时最容易发生，病患以无法听到轻柔高频率的声响为主。听力的丧失是渐进性的。噪声除损伤听力以外，还会引起其他人身损害。噪声可以引起心绪不宁、心情紧张、心跳加快和血压增高。噪声还会使人的唾液、胃液分泌减少，胃酸降低，从而易患胃溃疡和十二指肠溃疡。一些工业噪声调查结果指出：在强噪声条件下的人员与在安静条件下的人员相比，其循环系统发病率高，在强噪声下，有高血压症状的人也多。不少人认为，20 世纪生活中的噪声是造成心脏病的原因之一。长期在噪声环境下工作，对人员神经功能也会造成障碍。实验室条件下人体实验证明，在噪声影响下，人脑电波可发生变化，噪声可引起大脑皮层兴奋和抑制的平衡，从而导致条件下脑电波反射的异常。有的患者会引起顽固性头痛、神经衰弱和脑神经机能不全等症状。症状表现与接触的噪声强度有很大关系。例如，当噪声在 $80 \sim 85dB$ 时，人们往往很容易激动、感觉疲劳；当噪声在 $95 \sim 120dB$ 时，人们感到前头部钝性痛，并伴有易激动、睡眠失调、头晕、记忆力减退等症状；当噪声在 $140 \sim 150dB$ 时，不但引起人们的耳病，而且使人们发生恐惧和全身神经系统紧张性增高。

（2）引起心脏血管伤害

急性噪声暴露常引起高血压，当噪声为 100dB，在 10min 内，人们的肾上腺激素分泌会升高，交感神经被激动。在动物实验上也有相同地发现。虽然流行病学调查结果不一致，但几个大规模研究显示长期噪声的暴露与高血压呈正相关的关系。

（3）对生殖能力的影响

2000 年以来，一些专家提出了"环境激素"理论，指出环境中存在着能够像激素一样影响人体内分泌功能的化学物质，噪声就是其中的一种。它会使人体内分泌紊乱，导致精液和精子异常。长时间的噪声污染可以引起男性不育；对女性而言，则会导致流产和胎儿畸形。在其他方面的研究仍无结论，尚待进一步探讨。

（4）对心理的影响

在高频率的噪声下，一般人都会有焦躁不安、容易激动的症状。有人研究发现在噪声越高的工作场所，意外事件越多，生产力越低，但是此项结果仍有争论。

2）噪声大小对人类生活的影响

（1）对睡眠的干扰

人类有近 1/3 的时间是在睡眠中度过。睡眠是人类消除疲劳、恢复体力、维持健康的一个重要条件。但环境噪声会使人不能安眠或被惊醒，在这方面，老人和病人对噪声干扰更为敏感。当睡眠被干扰后，工作效率和健康都会受到影响。研究结果表明：连续噪声可以加快熟睡到轻睡的回转，使人多梦，并使熟睡的时间缩短；突然的噪声可以使人惊醒。一般来说，40dB 连续噪声可使 10% 的人受到影响；70dB 可影响 50% 的人；而突发噪声在 40dB 时，可使 10% 的人惊醒；到 60dB 时，可使 70% 的人惊醒。噪声的长期干扰会造成人们失眠、疲劳无力、记忆力衰退，以致产生神经衰弱症。

（2）对语言交流的干扰

噪声对语言交流的影响，来自噪声对听力的影响。这种影响，轻则降低交流效率，重则损伤人们的语言听力。研究表明：30dB 以下属于非常安静的环境，如播音室、医院等应该满足这个条件。40dB 是正常的环境，如一般办公室应保持这种水平。50～60dB 则属于较吵的环境，此时脑力劳动受到影响，谈话也受到干扰。当打电话时，周围噪声达 65dB 则对话有困难；在 80dB 时，则听不清楚。在噪声达 80～90dB 时，距离约 0.15m 也得提高嗓门才能进行对话。如果噪声分贝数再高，实际上不可能进行对话。

4. 施工过程噪声特点

建筑施工噪声取决于建筑施工活动，通常具有以下特点：

1）阶段性

建筑施工一般都是分阶段进行的。随着技术水平和施工效率提高，施工周期越来越短，各阶段区分不十分明显，甚至经常混合，但总体来说可把施工过程分为土石方阶段、打桩阶段、结构阶段和装修阶段 4 个部分。由于每个阶段的主要噪声源不同，因此产生噪声及噪声所带来的影响程度、影响范围也不同，适用的噪声标准限值也不同。阶段性的施工特点，决定了施工噪声污染的阶段性。

2）声源频率复杂

在建筑施工活动中，随着时间的推移，施工工序不断更替，涉及的主要施工机械不断变化。不同施工机械产生的噪声在强度以及特性方面存在差异。比如，挖土机等机械低频噪声较多，传播较远；而金属切割机械的高频噪声较多，听起来比较刺耳；除此之外，施工现场还夹杂着一些工人的呼喊声，金属材料撞击声，敲击声等，这些噪声的频谱又都具有各自的特征，给人的感受也不一样。

3）声源位置不固定

施工现场内既有固定声源，又有移动声源。有的机械在施工规划之初，就已确定主要工作位置，可通过搭建隔声棚减缓噪声影响；但有的机械根据工作需要，不断变换位置，部分移动机械的移动路线并不确定，而且随着建筑项目的高度不断增加，作业面上噪声源位置不断升高，噪声传播范围更广，这些噪声很难通过常规降噪措施来缓解。

4）非稳态，规律性差

从施工活动整体来看，机械并非时刻运转，是以施工需要为前提；机械噪声与工作内容、其新旧程度等有关，机械位置移动、动力增减等都会影响到噪声大小；此外建筑施工过程中的打桩机、电锯、振动棒等机械作业往往使整个建筑施工场界间断性噪声陡然加大，呼喊声、撞击声等也具有突发性，并无规律可循。

5）多声源混合

在建筑施工场地内，多种机械同时工作的情况经常存在，再加上人声、撞击声等，多种声源混合难以区分。此外建筑施工场地紧邻道路的情况经常存在，建筑施工噪声与交通噪声混合在一起的情况经常存在，周围居民可以明确感受到道路噪声与施工噪声的不同，但是利用噪声监测设备，如果不考虑噪声频谱，无法区分这二者，也就不能准确评价建筑施工噪声的影响。

6）接近居民区，夜间施工扰民严重

建筑施工项目与城市发展密切相关，拆迁重建使得人群密集区域进行建筑施工的情况经常存在，甚至施工项目紧邻居民区。由于某些施工工艺需要，夜间连续施工的情况时有发生，除此之外，为赶工期而进行的夜间施工活动屡禁不止，严重影响周围居民的生活。

第四节 施工过程噪声控制指标

1. 控制指标的影响因素

1）临近建筑类型

不同类型的建筑有不同的功能，人们在其中从事的活动不同，所以对声环境的要求也不同。例如居住建筑中，人们常休息、看书、谈天或看电视，对声环境质量要求较高，而在工业建筑中，人们从事一些工业制造活动，工业建筑兼具仓储功能，对声环境的要求则相对较低。因此，建筑施工场地周边的建筑类型不同时，采用不同的施工场界噪声控制指标，因地制宜采取噪声控制技术，符合本课题绿色施工的目标。

根据《声环境质量标准》GB 3096—2008 按区域的使用功能特点和环境质量要求，声环境功能区分为以下 5 种类型：

0 类声环境功能区：指康复疗养区等特别需要安静的区域。

1 类声环境功能区：指以居民住宅、医疗卫生、文化教育、科研设计、行政办公为主要功能，需要保持安静的区域。

2 类声环境功能区：指以商业金融、集市贸易为主要功能，或者居住、商业、工业混杂，需要维护住宅安静的区域。

3 类声环境功能区：指以工业生产、仓储物流为主要功能，需要防止工业噪声对周围环境产生严重影响的区域。

4 类声环境功能区：指交通干线两侧一定距离之内，需要防止交通噪声对周围环境产生严重影响的区域，包括 4a 类和 4b 类两种类型。4a 类为高速公路、一级公路、二级公路、城市快速路、城市主干路、城市次干路、城市轨道交通（地面段）、内河航道两侧区域；4b 类为铁路干线两侧区域。

《建筑施工场界环境噪声排放标准》GB 12523—2011 没有对施工周边的区域进行区分，这就使得对施工噪声进行控制措施无的放矢，缺乏针对性。本课题设置的控制指标将施工场地周边声环境区划分为两类，1 类和 2 类，1 类区域以住宅为主，或者需要保持安静的区域，例如疗养区、文化教育、科研设计、行政办公等。2 类以商业金融、集市贸易、工业生产、仓储物流为主要功能的区域。

2）施工阶段及器械种类

建设施工包括以下 3 大类：交通设施建设，如地铁、隧道、高架桥、公路施工等；房屋建筑工程，如医院、学校、商场、文化馆、工厂、住宅建筑施工等；公共设施建设，如市政绿化、城市广场、地下管道和电缆施工等。

在施工全过程内，不同机械的投入和施工方法的选用取决于施工进度的推进和施工工序的变换。结合实际，建筑施工过程的各个阶段主要施工机械及噪声源特点主要分为：（1）土石方阶段：噪声源为推土机、挖掘机、装载机、各种运输车辆等，多为移动噪声，且噪声具有不连续性的特征；（2）打桩阶段：噪声源为各种打桩机、灌装机、运输车辆等，其中以打桩机为主要噪声源，属于脉冲噪声，且具有明显的指向性；（3）结构施工阶段：噪声源为混凝土搅拌机、振动棒、电锯、切割机、起重机、升降机及各种发电机、运输车辆等，施工周期长，噪声源的位置也不固定，随机性较大，主要噪声源产生的噪声大部分为宽频噪声，随着距离的增加，高频声衰减较大，噪声呈现低频声特性；（4）装修阶段：噪声源为起重机、升降机、切割锯、打磨机、电锯及各种运输车辆等，强噪声源较少，装修阶段声源声功率相对较低，一般在 100dB（A）左右，部分施工机械的工作环境已经不是开放性的，声源所处环境是半封闭状态。

三大类建设施工准备阶段噪声排放特点各不相同，如果简单的将其分为土石方阶段、打桩阶段、结构主体施工阶段、装修阶段，并控制不同施工阶段噪声排放量指标未免有失偏颇，通过控制施工过程中不同施工机械噪声排放量指标，实现施工全过程噪声排放控制则更合理且实际操作性更强。主要工程设备噪声声级范围见表 4-4-1。

主要工程设备噪声声级范围 表 4-4-1

主要工程设备	声级范围 dB（A）
推土机、挖掘机、装载机及运输车辆等	85 ～ 100
打桩机、灌装机	95 ～ 110
混凝土搅拌机	75 ～ 85
电锯	95 ～ 110
切割机、切割锯、打磨机	85 ～ 95
起重机、升降机、振动棒	65 ～ 70

注：摘自《建筑施工噪声控制分析》。

3）监测时间

不同建筑在不同的时间段内，人们从事的活动不同，因此对声环境质量会有不一样的要求。例如，对于居住建筑，人们对声环境的要求普遍是白天较低而晚上较高，以保证人们拥有良好的睡眠质量；对于办公类建筑，对声环境质量的要求则是白天由于办公者对安静工作环境的需求而相对较高，晚上基本没有办公，建筑不使用，所以对声环境质量要求较低。因此，有必要先对时间段进行划分，再进行噪声控制指标的确定。

在《建筑施工场界环境噪声排放标准》GB 12523—2011 中，昼间和夜间排放限值均采用 20min 等效声级代表本时段声级，因此，本课题控制指标同样按照昼间和夜间采用 20min 等效声级代表本时段的控制指标。根据《中华人民共和国环境噪声污染防治法》，"昼间"是指 6：00 ～ 22：00 之间的时段，"夜间"是指 22：00 至次日 6：00 之间的时段。

2. 控制指标

1）1 类声环境功能区施工噪声指标见表 4-4-2。

1 类声环境功能区施工噪声指标 表 4-4-2

施工阶段	噪声范围（5m）	时 段		
		昼间 dB（A）	夜间 dB（A）	夜间最大值 dB（A）
装饰装修施工阶段	60 ～ 75	55	禁止施工	禁止施工
主体结构施工阶段	75 ～ 90	60	禁止施工	禁止施工
土方及基础施工阶段	90 ～ 110	65	禁止施工	禁止施工

2）2类声环境功能区施工噪声指标见表4-4-3。

2类声环境功能区施工噪声指标　　　表4-4-3

施工阶段	噪声范围（5m）	时　段		
		昼间 dB（A）	夜间 dB（A）	夜间最大值 dB（A）
装饰装修施工阶段	60～75	70	55	70
主体结构施工阶段	75～90	70	55	70
土方及基础施工阶段	90～110	70	55	70

第五节　监测参数选择

根据《建筑施工场界环境噪声排放标准》GB 12523—2011 第4.1条，建筑施工过程中场界环境噪声不得超过表4-5-1规定的排放限值。

建筑施工场界环境噪声排放限值　　单位：dB（A）　表4-5-1

昼间	夜间
70	55

同时，夜间噪声最大声级超过限值的幅度不得高于15dB。

该排放限值有3个特点：

（1）排放限值仅分昼间和夜间两种情况。昼间限值70dB（A），夜间限值55dB（A）。

（2）排放限值施工过程全程一致，不再按照施工阶段进行划分。

（3）昼间和夜间均采用施工期间20min等效声级代表本时段声级。夜间同时测量最大声级。

因此，施工现场噪声监测参数选择等效连续A声级（简称等效声级）$L_{Aeq, T}$（简写为L_{Aeq}）和最大声级L_{Amax} 2个参数，等效声级是指在规定测量时间T内A声级的能量平均值，最大声级是指在规定测量时间内测得的A声级最大值，单位分别为dB（A）和dB。

等效声级是目前国内外通用的施工噪声评价量，各种标准法规中都有使用。因为大部分噪声，其幅值随时间变化的分布近似于正态分布，可以用等效声级来描述其大小，并且长期经验表明，等效声级与人们的主观听感的响度具有较好的相关性。

根据《建筑施工场界环境噪声排放标准》GB 12523—2011 第5.7条，噪声测量结果需要视情况进行修正。还需要测量背景噪声值。根据《建筑施工场界环境噪声排放标准》GB 12523—2011 第5.5条，背景噪声测量要求做到两点：

（1）测量环境：不受被测声源影响且其他声环境与测量被测声源时保持一致。

（2）测量时段：稳态噪声测量1min的等效声级，非稳态噪声测量20min的等效声级。

稳态噪声是指在测量时间内，被测声源的 A 级声级起伏不大于 3dB 的噪声；非稳态噪声是指在测量时间内，被测声源的 A 级声级起伏大于 3dB 的噪声。通常建筑施工噪声是非稳态噪声，需要测量 20min 的等效声级。

因此，施工现场噪声监测参数最终选择 3 个参数：L_{Aeq}、L_{Amax} 和背景噪声 L_{Aeq}。

第六节　监 测 方 法

1. 监测仪器

1）手持式监测仪器

噪声监测仪是监测分析噪声获得噪声各项参数的仪器设备（图 4-6-1）。噪声的主要参数是分贝数。采用噪声监测仪能找到噪声源，并获得所需参数。

仪器使用说明：

① 测量仪器性能应不低于相应标准规范要求。校准所用仪器应符合《电声学声校准器》GB/T 15173—2010 对 1 级或 2 级声校准器的要求。

② 测量仪器和校准仪器应定期检定合格，并在有效使用期限内使用；每次测量前、后必须在测量现场进行声学校准，其前、后校准的测量仪器示值偏差不得大于 0.5dB（A），否则测量结果无效。

图 4-6-1　噪声监测仪

③ 测量时传声器加防风罩。

④ 测量仪器时间计权特性设为快（F）挡。

⑤ 仪器设置要求：手动进行开始和结束；或连续记录每 20min 等效 A 声级，间隔时间为 1min，连续监测时间设置 99h，自动记录测试结果。

2）自动监测仪器

噪声自动监测仪技术指标建议如表 4-6-1 所示。

噪声自动监测仪技术指标　　　　　　　　　　表 4-6-1

名称	指标	技术要求
全天候户外传感器	灵敏度	在 250Hz 或 1000Hz 的灵敏度在 30mV/Pa 以上
	本底噪声	＜ 25dB（A）SPL
	指向性	90°
	风罩抗风能力	风速 30m/s 不损坏；风噪声衰减＞ 25dB（A）
噪声监测终端	宽带噪声（计权声级）测量参数	L_{Aeq}，$L(n)$（5，10，50，90，95……），L_{Amax}，L_{Amin} 等
	动态分析范围	≥ 100dB（不换挡）

名称	指标	技术要求
噪声监测终端	测量范围	30 ～ 130dB（A）
	频率计权	A 计权
	采样频率	≤ 1s 产生一组原始数据
	噪声报警	具有设定值触发录音或录像功能
	校准	具备自动校准功能

噪声自动监测仪校准记录表建议如表 4-6-2 所示。

噪声自动监测仪校准记录表　　　　　　表 4-6-2

工地名称		仪器名称	
使用单位名称		工程报建号	
仪器编号		校准时间	

		校零			
仪器零值	实测 1	实测 2	相对误差（%）	校零	是否合格

		较标			
仪器跨度值	实测 1	实测 2	相对误差（%）	校标	是否合格

检查单位＿＿＿＿＿＿＿＿　　　　检查人＿＿＿＿＿＿　　　　日期＿＿＿＿＿＿

2. 测点位置和数量

根据施工场地周围噪声敏感建筑物位置和声源位置布局，测点应设在对噪声敏感建筑物影响较大、距离较近的位置。一般测点设在建筑施工场界外 1m，高度 1.2m 以上的位置；当场界有围墙且周围有噪声敏感建筑物时，测点应设置在场界外 1m，高于围墙 0.5m 以上的位置，且位于施工噪声影响的声照射区域；当场界无法测量到声源的实际排放时，如：声源位于高空、场界有声屏障、噪声敏感建筑物高于场界围墙等情况，测点可设在噪声敏感建筑物户外 1m 处的位置；在噪声敏感建筑物室内测量时，测点设在室内中央、距室内任一反射面 0.5m 以上、距地面 1.2m 高度以上，在受噪声影响方向的窗户开启状态下测量。

通常情况下，可在施工场界 4 个方向各选 1 个点，再根据场界后的建筑类型和声环境区的具体情况增加测点。场地内项目部办公区、生活区可设置若干测点。

3. 监测操作步骤

1）监测时段及频次

监测选择在无雨、无雪的气候中进行，风速小于 5m/s。分为昼间和夜间两部分，昼间一般为 9：00 ～ 22：00，夜间一般为 22：00 以后。

从 9：00 ～ 22：00，每天根据施工情况至少选取 3 个测量时段，随机选取 20min 测量该段时间内的等效 A 声级。

如果存在夜间施工则在夜间施工时加测，测量连续 20min 的等效声级，同时测量最大声级，具体时间和次数根据施工情况而定。

2）背景噪声测量

测量环境：不受被测声源影响且其他声环境与测量被测声源时保持一致。

测量时段：稳态噪声测量 1min 的等效声级，非稳态噪声测量 20min 的等效声级。

第七节　数据记录整理

1. 监测数据记录

噪声测量时需做测量记录。记录内容应主要包括：被测量单位名称、地址，测量时的气象条件、测量仪器、校准仪器、测点位置、测量时间、仪器校准值（测前、测后）、主要声源、示意图（场界、声源、噪声敏感建筑物、场界与噪声敏感建筑物间的距离、测点位置等）、噪声测量值、最大声级值（夜间时段）、背景噪声值、测量人员、校对人员、审核人员等相关信息。采用噪声自动监测仪器，应能录入和导出相应数据。参考记录表式如表 4-7-1 所示。

施工期间各测点的噪声值记录　　　　单位：dB（A）　　表 4-7-1

		时间	L_{Aeq}	L_{Amax}	背景噪声 L_{Aeq}	备　注
测点 1	昼间					
	夜间					
测点 2	昼间					
	夜间					
测点 3	昼间					

续表

		时间	L_{Aeq}	L_{Amax}	背景噪声 L_{Aeq}	备 注
测点 3	夜间					
测点 4	昼间					
	夜间					

注：1. 绘制现场平面布置图并标注各测点的具体位置，注意随着施工阶段的变化测点也应对应动态变化，每次变化后，配以对应的平面布置图；
　　2. 每天监测次数不应少于 3 次，宜选择噪声污染严重的时段进行。

2. 监测结果评价

1）测量结果修正

（1）背景噪声值比噪声测量值低 10dB（A）以上时，噪声测量值不做修正。

（2）噪声测量值与背景噪声值相差在 3～10dB（A）时，噪声测量值与背景噪声值的差值修约后，按表 4-7-2 进行修正。

（3）噪声测量值与背景噪声值相差小于 3dB（A）时，应采取措施降低背景噪声后，视情况按（1）或（2）款执行；仍无法满足前两款要求的，应按环境噪声监测技术规范的有关规定执行。

测量结果修正表　　　　单位：dB（A）　　表 4-7-2

差值	3	4～5	6～10
修正	−3	−2	−1

2）周边环境评价

根据周边环境的建筑类型，评价被测施工场地所在的环境区域（若周边存在多种建筑类型，以数量多少及噪声敏感程度高的类型为评价标准），环境区域划分见第四节中相关内容。

3）结果评价

（1）等效声级评价

对表 4-7-1 记录的噪声值按表 4-7-2 修正后作为评价对象，结合周边环境评价的结果与表 4-4-2 和表 4-4-3 的控制指标对比后进行评价。

（2）夜间最大声级评价

夜间施工过程记录噪声最大瞬时声级，其值超过限值的幅度不得高于 15dB（A）。

3. 监测注意事项

（1）手持仪器测量前要对仪器进行校准，利用专业校准设备使各个仪器保持相同。

（2）严格控制测量时间，保证测量数据的数量和质量符合要求。

（3）施工现场测量人员应做好防护措施，如佩戴口罩等。

（4）监测人员需经过培训才可进行监测，并由专人保管仪器和监测数据。

第五章 施工现场光污染监测

第一节 光污染概念

广义地说，光污染是过量的光辐射。它是可见光、紫外与红外辐射对人体健康和人类生存环境造成的负面影响的总称；如玻璃幕墙的照射、反射和折射，建筑或构筑物的景观照明，道路与交通照明，广场或工地照明，广告标志照明和园林山水景观照明所产生的溢散光、天空光、眩光、反射光，对人体健康、交通运输、天文观察、动植物生长及生态环境产生的负面影响都称为光污染。

光是一种电磁辐射能，只有在良好的光照条件下人类的视觉工作才能有效地进行。太阳光通常被我们称为"天然光"，一般情况下，它是一种巨大、安全、经济而卫生的光源。但是当日光直射到城市建筑的镜面表面上，由于镜面建筑的反射眩光，会干扰人们正常的工作和生活。更为严重的是，强烈的反射眩光可能刺激得人眼无法睁开，危害行人和司机的视觉功能，甚至造成交通事故，威胁人们的生命安全。随着国民经济迅速发展，我国城市建设突飞猛进，各种形式的建筑如雨后春笋般崛起，为追求高档次高品位，设计者和开发商不约而同地采用大面积镜面式铝合金装饰的外墙、玻璃幕墙等。如此泛滥的镜面反射使太阳光也不再安全，会给城市生活带来巨大隐患，由此带来光污染。

第二节 施工光污染

从施工现场实际情况来看，对应的光污染主要包括：电弧焊接光污染、施工照明灯具照射光污染、施工机械车辆灯具照射光污染。

第三节 施工过程的光污染特点

1. 施工过程光污染源分析

1）夜间施工照明

施工中光污染的主要来源是夜间施工照明，工地上常用一组或几组大功率照明设备为整个工地提供总体照明，同时对一些局部作业点提供局部照明，这些照明灯具主要是泛光灯，而且灯具安装没有经过合理的照度需求设计和安装高度、角度等的设计，常常产生溢散光,这些溢散光不仅会对周围环境造成光污染,同时也造成能源的浪费。

2）电焊等工人作业

工人在进行电焊等作业时会产生亮度极高的电火花,当作业点处于工地围挡的遮挡范围之外,例如作业点高度较高时,可能对行人或车辆造成眩光污染,同时电焊也会对工地的其他工人造成眩光污染。

2. 施工过程光污染类型

本课题的研究对象是施工场地边界内室外人工照明环境中对居民及自然环境产生不利影响的光环境。它的组成分别是眩光、溢散光、侵害光。这3类光环境在居住区夜间照明环境中都有出现。

1）眩光

它是由于环境中亮度的极端对比,形成让人感觉不舒服的光环境。如在居住区道路环境中,由于居住区照明环境整体光线很暗,而道路照明光源非常亮,且又在行走过程中的视野里不断出现,这样会产生不舒适感即眩光。这样的环境就在本书的研究范围之内。

2）溢散光

是由于过多的光线照射到天空形成的。在居住区的景观照明中,很多草坪灯或将住区内绿化树木照亮的投光灯由于没有采用良好的遮光处理,使得多余的光线照射到天空。在很多时候,我们并没有留意此类光环境。也许是由于我们没有注意到,也许是由于这样的环境没有对我们产生影响。但是,看不到、感觉不到并不代表它就不存在。我们认为微乎其微的一线光线,已经对城市的生态平衡、候鸟迁徙、昆虫活动造成了严重的威胁。因此,本书将溢散环境也列入研究对象。具体施工场地照明中的光污染产生的光溢散的程度有多少,将在本节内容中予以讨论。

3）侵害光

是在目前居住区研究中关注最多的一类光环境。主要是人们在夜间感受到的进入居民室内,影响正常休息睡眠的城市灯光。由于我国居住区多由城市道路分割,并且多层、高层住宅楼是我国居住建筑中的主要形式。因此,与欧美国家中的大部分别墅型居住区不同,在我国城市中,一旦有住宅周边存在侵害光,则受到光侵害的住户将不会只有一家,很可能是数十家,甚至数百家。在这种情况下,评定光侵害环境影响的具体程度如何变得十分重要。因此,本书将施工场地照明产生的光污染对周围对象可能产生的光侵害的研究也列入研究对象之中。

3. 施工过程光污染危害

1）对附近居民的影响

当施工场地照明设备的出射光线直接侵入附近居民的窗户时,就很可能对居民的正常生活产生负面影响。这些影响包括:

（1）照明设备产生的入射光线使居民的睡眠受到影响。

（2）工地现场照明可能存在的频闪灯光使房屋内的居民感到烦躁,难以进行正常活动。

2）对附近行人的影响

当施工照明设备安装不合理时，会对附近的行人产生眩光，导致行人降低或完全丧失正常视觉功能。这影响到行人对周围环境的认知，同时增加了发生犯罪或交通事故的危险性。具体危害表现在：

（1）安装不合理的施工照明灯具，其本身产生的眩光使行人感到不舒适，甚至降低视觉功能。

（2）当灯具本身亮度或灯具照射路面等处产生的高亮度反射面出现在行人视野范围内时，因为出现很大的亮度对比，行人将无法看清周围较暗的地方，这会使之成为犯罪分子的藏身之处，不利于行人及时发现并制止犯罪。

3）对交通系统的影响

各种交通线路上的照明设备或附近的辅助照明设备发出的光线都会对车辆的驾驶者产生影响，降低交通安全性。主要表现在：

（1）灯具或亮度对比很大的表面产生眩光，影响驾驶者的视觉功能，使驾驶者应对突发事件反应时间增加，从而更容易发生交通事故。

（2）出现在驾驶者视野内的亮度很高的表面，使各种交通信号可见度降低，增加交通事故发生的可能性。

4. 施工过程光污染特点

1）主动侵害

处于环境中的光污染往往不可回避。道路照明的眩光对司机安全威胁很大，但司机们很难确定它在何时出现，即使预知有，也不易及时采取措施。并且，对于白天的视觉污染，人们可以采用"不看"的办法躲避。但对于光污染，由于夜间视觉元素对比强烈，人们即使有主观愿望，仍然无法躲避。

2）难以感知

光是一种辐射。除了高强度的辐射（比如强光），人们能够下意识地做出反应外，大部分紫外辐射、红外辐射都是难以感知的。即使是可见光，由于危害结果具有长期积累性，大多是损伤发生后，才做出反应。随着科学技术的发展，研究者发现过去许多莫名其妙的心烦、头晕以及一些皮肤疾病，其实都是照明光污染的直接后果。

因此，对于光污染的感知也随着人们对它的认识而逐渐加深。

3）损害累积

光污染的影响往往是微量的，短期内不会造成太大伤害。但这种危害尤其对生物的损害具有累积性，经过较长时间就能显现出来。在有频闪效应的光环境下学习、工作或活动，产生的视觉疲劳，可以在短时间内恢复，但长期处于此环境中，则会导致人的视力下降，乃至影响人的情绪。少量紫外射线辐射对人体有益，超过一定的量，就有害而无益。随着这种伤害的缓慢积累，一旦对人体造成明显伤害，就无法修复。

受光干扰的人或动植物，久而久之会导致生物钟改变，引起昆虫、鱼类的生育不良，落叶期延迟，树木干枯等后果。由于损害具有积累性，降低了人们对光污染的警惕。

4）危害严重

光污染实际是无效光能辐射，这会造成电能的巨大浪费，浪费电能实质是加重对环境的破坏。对人面部而言，紫外线辐射、红外线辐射、频闪、过强光对人眼的伤害往往是不可修复的，甚至还会造成令人致命的癌变。光污染也是造成交通事故的主要诱因，不仅造成巨大经济损失，还会造成人员伤亡。另外，光污染还可能诱发生态危机。因此，无论从社会角度还是从人文角度，光污染问题的破坏性都不可小视。

5）非长期性

光污染和大气污染、土地污染、水污染不同，只要关闭照明设备，污染过程就会停止。对光污染的防治其实是如何减少无效光和有害光的问题。只要有针对性地做好预防准备，如在规划设计时就考虑可能会产生的光污染，将光污染消灭在源头，它的治理就会显得相对容易。

第四节　光污染控制指标

1. 控制指标的影响因素

1）灯具的亮度

使用大功率的泛光灯作为施工工地的主要照明方式，且安装高度过高，影响范围较广，成为施工照明最普遍的问题。施工工地通常使用几组大功率照明设备为整个工地提供总体照明，这不仅浪费能源，也会产生溢散光。

2）灯具的安装

为减少城市夜空亮度。CIE（国际照明协会）规定室外灯具的上射光通量不能大于总输出光通量的25%。例如，出于安全和防护目的设置道路照明，以保障城市交通的安全，但是大量高压钠灯在水平方向上产生相当大的光量，造成的泄漏光是现阶段夜间天空发亮的主要原因。因此，为防止过多的上射光线，灯具遮光角设计极为重要，是影响对天空光污染的一个重要因素。

3）工人作业

工人在进行电焊等作业时，会产生亮度极高的电火花，当作业点处于工地围挡范围之外，例如，作业点高度较高时，可能对行人或车辆造成眩光污染，同时，电焊也会对工地的其他工人造成眩光污染。

2. 施工过程光污染控制指标

1）城市环境亮度区域的划分

根据城市区位功能性质，将其按照环境亮度进行划分，对应环境亮度的区域划分见表5-4-1。

对应环境亮度的区域划分　　　　　　　　　　表 5-4-1

环境亮度类型	无照明区域	低亮度区域	中等亮度区域	高亮度区域
区域代号	E1	E2	E3	E4
对应的区域	森林公园、天文台周边、自然保护区	居住区、医院等	一般公共区	城市中心区、商业区

2）施工光污染控制指标

（1）居住区干扰光的评价

居住建筑窗户表面上垂直照度应符合表 5-4-2 规定。

居住建筑窗户表面上垂直照度的限值（lx）　　　　　　表 5-4-2

时　段	环　境　区　域			
	E1	E2	E3	E4
熄灯时段前	≤ 2	≤ 5	≤ 10	≤ 25
熄灯时段	≤ 0	≤ 1	≤ 2	≤ 5

如果是道路照明灯具，此值可提高至 1lx

（2）夜空光污染的评价指标

照明灯具上射光通比的限值应满足表 5-4-3 的规定。

照明灯具上射光通比的限值　　　　　　　　　表 5-4-3

环境区域	E1	E2	E3	E4
上射光通比（%）	0	≤ 5	≤ 15	≤ 25

第五节　监测参数选择

光污染通常分为 3 类：白亮污染、人工白昼和彩光污染。白亮污染是指阳光照射强烈时，建筑物的玻璃幕墙、釉面砖墙、磨光大理石和各种涂料等装饰反射光线，明晃白亮，炫眼夺目，导致周边人群视网膜和虹膜受到不同程度损害，可能导致视力下降，白内障发病率提高，甚至发生头昏心烦、失眠、身体乏力等神经衰弱症状。人工白昼是指在夜间，施工工地的照明等强光照射天空，使得夜晚如同白天一样，这会扰乱人体正常生物钟，导致周边居住的人群白天工作效率低下。彩光污染是指黑光灯、旋转灯、荧光灯以及闪烁的彩色光源构成的污染，周边人群如果长期接受这种照射，可诱发鼻血、白内障，甚至导致白血病和其他癌变。

光污染的常用监测项目包括光强、照度、光通量等。光通量指人眼所能感觉到的辐射功率，它等于单位时间内某一波段的辐射能量和该波段相对视见率的乘积，是按照国际规定的标准人眼视觉特性评价的辐射通量导出量，以符号 Φ 表示。光通量的单位是 lm（流明）。1lm 等于由一个具有 1cd（坎德拉）均匀发光强度的点光源在 1sr（球面度）单位立体角内发射的光通量，即 1lm ＝ 1cd · sr。发光强度简称光强，国际单位是 candela（坎德拉）简写 cd，1cd 即 1000mcd 是指单色光源（频率 $540×10^{12}$Hz）的光，在给定方向上（该方向上的辐射强度为（1/683）瓦特/球面度）的单位立体角发出的光通量。光强是指单位面积上所接受可见光的光通量，简称照度，单位勒克斯（lux 或 lx）。为物理术语，用丁指示光照的强弱和物体表面积被照明程度的量。照度是物体被照明的程度。即物体表面所得到的光通量与被照面积之比，单位是勒克斯 lx（1 勒克斯是 1 流明的光通量均匀照射在 $1m^2$ 面积上所产生的照度）或英尺烛光 fc（1 英尺烛光是 1 流明的光通量均匀照射在 1 平方英尺面积上所产生的照度），1fc ＝ 10.76lx。

考虑施工现场可能的光污染，建议监测参数包括：光强、照度和光通量。

第六节　监测方法

光污染监测通常采用人工的监测方法，文献调研有自行开发的车载或无人机光污染自动监测系统但无法直接采购。因此，从可行性的角度，建议采用人工监测方法进行监测，监测数据根据规定格式导入污染物监测平台。

1. 监测仪器

照度计是一种专门测量光度、亮度的仪器仪表。就是测量物体表面所得到的光通量与被照面积之比。照度计通常是由硒光电池或硅光电池和微安表组成（图 5-6-1）。

照度计的功能特点为：

① 全程跟踪记录照度变化情况，记录时间长（15min 记录一次数据，可记录长达 5 个月甚至更长的时间），集数据采集、记录和传输于一体。

② 整机功耗小，使用锂电池（内置）供电，电池寿命可达一年以上。

图 5-6-1　照度计

③ 软件有中英文两种版本，可任意选择，英文版具有国际通用性。

④ 软件功能强大，数据查看方便。

⑤ 自动生成记录曲线图，采集的数据能用 EXCEL、WORD 或专用软件处理。

⑥ 记录时间间隔在 2s ～ 24h 任意设置。

⑦ 体积小（58mm×72mm×29mm），操作简单，性能可靠（适应恶劣环境，断电时不丢失数据）。

⑧ 可自动报警。

2. 测点数量和位置

1）测点选在场界周围受到夜间照明灯具影响范围内的建筑外窗上。核查照明装置与邻近居住建筑的相对位置、距离以及照明装置安装后的光强分布，选取受光照影响最大的 2～3 个窗户布置测点。

2）原则上场界四周各选一个测点。如果某栋建筑受影响外窗数量较多，可相应补充测点。

3）对每个所选测点布置 3 个测试位置，在窗户玻璃的范围沿垂直方向两等分，如图 5-6-2 所示。

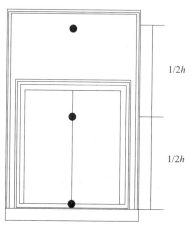

h —— 为窗台到窗框上部玻璃的高度

● —— 为测点

图 5-6-2　居住区光干扰测点的布置

3. 监测操作步骤

1）居住区干扰光的监测步骤

（1）测前准备：仪器、记录纸、笔，测试人员若干名，在监测之前应对监测仪器进行校准，保证其监测数据有效。

（2）确定测量点，并在各测点按要求布置测量仪器，每个测点安排 1～2 名记录人员。

（3）开启测量仪器，仪器具体操作参照仪器说明书，记录数据。

（4）若设备有自动存储功能，需要在每次测量之后将测量数据导入计算机中，并将数据记录表进行分类存档。

2）夜空光污染的监测步骤

（1）核查天文观测所涉及的环境范围，确认环境中各个部分所属城市环境亮度区域；考察这些项目中可能对天文观测产生影响的类型和成因。

（2）核查施工范围内所有照明灯具类型及个数。

（3）核查施工范围内各类照明工程项目中所有灯具的上射光通比。

测量应在正常气候情况下进行，无极端天气及降雨出现，以防止因极端天气影响造成检测结果不能得出其正常状况下的污染量。测试时间：夏季在 8：30 后，冬季在 7：00 后进行，每天测试次数为 1 次，选取 3 天进行测试。

分别采用垂直照度计、发光强度测量仪对选定的测点进行测量。在测量过程中，应将居室内灯光关闭，记录数据，求平均值即可。

第七节　数据记录整理

1. 监测数据记录

1）居住区干扰光的数据记录

见表 5-7-1。

施工期间各测点的照度值　　　　　　　　　　　表 5-7-1

测点编号	位置	时间	熄灯前照度（lx）	平均值（lx）	熄灯后照度（lx）	平均值（lx）	备注
测点 1							
测点 2							
测点 3							
测点 4							
测点 5							

注：1. 绘制现场平面布置图并标注各测点的具体位置，注意随着施工阶段的变化测点也应对应动态变化，每次变化后，配以对应的平面布置图。

　　2. 每天监测次数为 1 次，选择夜间无日光干扰时段进行。

2）夜空光污染的数据记录

见表 5-7-2。

施工场地灯具参数　　　　　　　　　　表 5-7-2

灯具编号	灯具类型	个数	功率	上射光比例
灯 1				
灯 2				
灯 3				
灯 4				

注：1. 绘制现场平面布置图并标注各灯具的具体位置及高度，注意随着施工阶段的变化测点也应对应动态变化，每次变化后，配以对应的平面布置图。

　　2. 每天监测次数为 1 次，选择夜间无日光干扰时段进行。

2. 监测结果评价

按表5-4-1对城市环境亮度区域进行判定后，依据表5-4-2和表5-4-3进行评价，并填写评价表5-7-3。

施工光污染综合评价表　　　　　表5-7-3

项目名称			
环境亮度类型			
居住区光干扰评价			
窗户	平均照度值	平均亮度值	是否达标
测点1			
测点2			
测点3			
测点4			
测点5			
综合评价	—	—	
夜空光污染评价			
灯具编号	上射光比例		是否达标
灯1			
灯2			
综合评价	—		

3. 监测注意事项

（1）手持仪器每次测量前都要对仪器进行校准。

（2）严格控制测量时间，保证测量数据的数量和质量符合要求。

（3）现场测量人员应做好防护措施，如佩戴口罩等。

（4）监测人员须经过培训才可进行监测，并由专人保管仪器和监测数据。

第六章　施工现场扬尘监测

第一节　扬尘的概念

扬尘也被称为逸散尘，由于往往处于无组织排放状态，因此又被称为无组织尘或无组织扬尘。所谓无组织尘，是指在生产过程中由于无密闭设备或设备不完整，无排气筒或烟囱，通过非密闭的通风口排向大气的颗粒物，以及道路、露天作业场所或废弃物堆放场所等在风力、人为活动或二者共同作用下排向大气的颗粒物，随时间和空间变化较大。根据中华人民共和国环境保护部颁发的《防治城市扬尘污染技术规范》HJ/T 393—2007 的定义，扬尘是指地表松散颗粒物在自然力或人力作用下进入到环境空气中形成的一定粒径范围的空气颗粒物。根据《大气污染物综合排放标准》GB 16297—1996 的定义，无组织排放是指大气污染物不经过排气筒的无规则排放。

扬尘是由于地面上的尘土在风力、人为带动及其他带动飞扬而进入大气的开放性污染源，是环境空气中总悬浮颗粒物的重要组成部分。

粉粒体在输送及加工过程中受到诱导空气流、室内通风造成的流动空气及设备运动部件转动生成的气流，首先将粉粒体中的微细粉尘由粉粒体中分离而飞扬，然后由于室内空气流动而引起粉尘的扩散，从而完成从粉尘产生到扩散的过程。

初级扬尘。在处理散状物料时，由于诱导空气的流动，将粉尘从处理物料中带出，污染局部地带。

次级扬尘。由于室内空气流、室内通风造成的流动空气及设备运动部件转动生成的气流，把沉落在设备、地坪及建筑构筑上的粉尘再次扬起，称为次级扬尘。

扬尘污染。是指泥地裸露以及在房屋建设施工、道路与管线施工、房屋拆除、物料运输、物料堆放、道路保洁、植物栽种和养护等人为活动中产生粉尘颗粒物，对大气造成的污染。

易产生扬尘污染的物料。是指煤炭、道路浮土、耕地土壤、城市裸露地面、绿化超高土、砂石、灰土、灰浆、灰膏、建筑垃圾、工程渣土等易产生粉尘颗粒物的物料。

第二节　施工扬尘污染

施工现场扬尘是一个重要的污染因素，会威胁建筑人员安全，破坏周边环境。扬尘会伴随着建筑工程施工进行的全过程，从土石方基础工程到装饰装修工程的各个阶段都会有不同程度的扬尘排放，因此施工现场的扬尘污染情况不容忽视。

第三节　施工过程中扬尘特点

1. 施工场地主要扬尘源分析

1）土石方基础施工与拆除施工

土石方基础施工与拆除施工。该阶段的爆破施工、挖掘搬运施工、现场石料切割加工、推土平地施工、夯土压实施工、石料摊铺等工序均会对现场裸土、岩石等造成扰动，引起施工作业面的击发、粉碎和磨损，产生人力和机械力扬尘，并借助人造风和自然风的传输形成扬尘扩散。同时，以上施工作业是建筑施工过程中涉及施工机械种类最多的阶段，各种施工机械的转移、搬运作业也在裸露岩土表面形成扬尘，该阶段的扬尘控制措施主要以围挡阻挡、洒水湿作业以及土体固结为主。

2）主体结构施工

主体结构施工扬尘的产生主要以施工材料的运输和现场加工为主，扬尘发生过程主要为水泥、砂石类及相关产品运输与操作，包括水泥尘、木粉尘和矽尘等，如图 6-3-1 和图 6-3-2 所示。但随着施工节奏的加快和施工技术的提升，主要建筑材料（混凝土、钢筋、模板材料等）现场加工的工序已有相当部分被工厂预制或预拼装施工所取代。

3）装饰装修

根据施工现场监测研究表明，装饰装修阶段产生的扬尘较大，如图 6-3-3 所示。原因是该阶段一般在主体结构施工完成后，此时施工现场面临着临时建筑的拆除、零星绿化土方工程和施工材料的现场加工等作业，容易造成施工材料、废弃物转运频繁。

图 6-3-1　水泥尘污染

图 6-3-2 木粉尘污染

图 6-3-3 装饰装修阶段产生的扬尘

4）施工材料与废弃物运输

施工材料与废弃物运输是极易产生扬尘的施工活动，如图 6-3-4 所示。由于施工工地多采用重型卡车进行转移运输，因此非常容易对固化或未固化道路产生较大扰动。除了采用常规的设置围挡、洒水以及道路固结以外，对材料临时堆场与运输车辆的管理也至关重要。要求渣土车辆在运输工作期间严禁随意改变运输路线或沿途抛撒渣土，限制渣土车市区运输建筑渣土的时间，非特殊条件下禁止白天、雨天运输，渣土运输车辆在市区内行驶时速不得超过 30km。渣土车辆在施工范围内的运行须采取洒水、道路硬化措施，运行速度应严格遵守施工现场要求。

图 6-3-4　施工材料与废弃物运输时产生扬尘

2. 施工阶段扬尘类型

扬尘污染根据其主要来源，可以分为以下几种类型：

1）施工扬尘

即在城市市政建设、建筑物建造与拆迁、设备安装工程及装修工程等施工过程中产生的扬尘。施工过程产生的建筑尘为城市主要扬尘源，也是扬尘污染控制的首要对象。通过调查，了解到施工扬尘产生的主要根源有以下4个方面：

（1）建设单位在工程开工前的开挖土石方：建筑工地基础工程大都采取"大开挖"的作业方法，防尘措施不够完备。

（2）建筑施工现场管理不规范：施工现场的硬化、绿化不达标，扬尘较多；现场的材料堆放管理较乱，建筑垃圾清运不及时且现场围挡不严密等。

（3）建筑材料和建筑垃圾的搬运：车辆运输过程中，由于封闭不严密，从建材的入出场、建筑垃圾的清运，到土石方的搬运都会产生大量的施工扬尘。

（4）拆迁作业过程中产生的大量尘土。

2）道路扬尘

即道路上的积尘在一定动力条件，如风力、机动车碾压或人群活动的作用下，一次或多次扬起并混合，进入环境空气中形成不同粒度分布的颗粒物形成道路扬尘。经调查，道路积尘主要来源于机动车携带的泥块、沙尘、物料等抖落遗撒，如车轮从建筑工地、矿场、未铺装道路等携带的泥和尘，车载物料的遗撒等。

3）堆场扬尘

堆场扬尘是指各种工业原料堆（如粉煤灰堆、煤堆等），建筑料堆（如砂石、水泥、石灰等），化工固体废弃物（如冶炼灰渣、燃煤灰渣、化工渣、其他工业固体废物），建筑工程渣土及建筑垃圾，生活垃圾等由于堆积和风蚀作用等造成的扬尘。虽然堆场扬尘对受体的贡献量化有一定难度，但它们仍然会造成比较明显的局部扬尘污染。

施工阶段扬尘类型与控制措施汇总如表6-3-1所示。

施工阶段扬尘类型与控制措施汇总　　　　　　　　　表 6-3-1

施工阶段/活动	扬尘源	扬尘类型	抑制措施	控制难度
土石方基础施工与拆除施工	裸露土体风蚀、机械扰动、运输车辆	土壤尘、道路尘、堆场尘	围挡、洒水湿作业、土体固结	最难
主体结构施工	材料加工、搬运、车辆运输	水泥尘、木屑粉尘、矽尘	围挡、洒水、车辆管理	一般
装饰装修施工	材料加工	水泥尘、其他扬尘	湿作业	难
材料与废弃物运输	运输车辆、机械扰动	道路尘、土壤尘	同土方基础施工、车辆管理	难

3. 施工过程扬尘危害

扬尘污染，其实是由粒径较大的颗粒物组成，常会被阻挡在人们的上呼吸道系统中，如果扬尘颗粒在 10μm 以下就会进入人们的下呼吸道，而扬尘颗粒在 2.5μm 以下，其就会积聚在肺泡中，引发一系列疾病，严重时可导致肺衰竭危及生命。

尤其是在一些工厂或者是建筑工地，因施工人员活动或机械的运转而产生大量扬尘悬浮在空中，不仅会使粉尘浓度增加，同时也会降低大气质量，尤其是在大城市，粉尘浓度已经严重超标。因粉尘中含有大量的重金属且反应后容易产生有毒物质，不仅会影响周围植物生长，同时也会影响人们的身体健康。毕竟含有重金属元素的粉尘颗粒会随着空气运动，一旦其中微细颗粒进入呼吸道系统、积留在肺泡中，就会引发一系列疾病。再加上扬尘中含有大量细菌和病毒，扬尘会成为细菌和病毒的介质加快传播速度，严重影响人们身体健康。

此外，因现场扬尘问题而引发的民事问题也会随之增多，这样不仅无法保证施工顺利进行和保证施工质量，同时也会给工厂及建筑施工单位造成重大损失。

4. 施工过程扬尘特点

施工扬尘是发展中城市大气可吸入颗粒物（PM10）的主要来源之一，工地扬尘排放量和施工规模、作业方式、气象条件、地质条件、扬尘控制措施等因素有关。施工扬尘属于典型的无组织排放源，具有污染过程复杂、排放随机性大、难以量化等特点。

1）开放性

建筑施工场地是典型的开放性、无组织扬尘排放源。建筑施工扬尘污染具有污染源点多面广、污染过程复杂、排放随机性大、起尘量难以量化、扩散范围广、管理难度大等特点。扬尘在空间的扩散范围与工程规模、施工工艺、施工强度、起尘量大小、施工现场条件、管理水平、机械化程度、所采取的抑尘措施等人为因素及季节、现场土壤性质、气象条件等自然因素有关，是一个很难定量的问题。

2）阶段性

施工扬尘污染主要集中在地基开挖和回填阶段。这两个阶段主要以土石方施工为主，易造成较为严重的扬尘污染。地基建设阶段由于人员活动较频繁，且有大量建筑材料在现场处理，扬尘造成的污染也较高而一般施工阶段扬尘污染明显减轻，远低于地基开挖和回填施工阶段。

3）影响范围广

由于施工扬尘排放具有无组织排放源的特点，按照施工现场实际风向的流动规律，依靠经验判断最大污染浓度可能位置进行监测点布设的方法，在环境复杂的施工场地以及受地形因素影响较大的场地已经越来越难以实施。因此，采取新且有效、简便的措施分析和描述施工场地局部地区风场分布与风速抑制措施，成为施工扬尘监测与控制的核心内容。

第四节　施工过程扬尘控制指标

1. 控制指标的影响因素

1）周围建筑类型

2012年第三次修订的《环境空气质量标准》GB 3095—2012中将环境空气功能区分为两类，参照该标准，根据施工场地周边建筑使用功能特点及环境空气质量要求，将建筑施工场地周边的建筑类型分为：

一类环境空气质量功能区（一类区）为自然保护区、风景名胜区和其他需要特殊保护的地区。

二类环境空气质量功能区（二类区）为城镇规划中确定的居住区、商业交通居民混合区、文化区、工业区和农村地区。

一类区适用一级浓度限值，二类区适用二级浓度限值。

2）施工阶段

在建筑工程施工中主要分为以下几个施工阶段：土石方基础施工、结构主体施工、装修施工和材料与废弃物运输活动。在不同的施工阶段存在不同的扬尘污染源，同时对于不同施工阶段有不同的施工环境及施工工序，因而对于评价量指标有所影响。

2. 施工过程扬尘控制指标

由于规范中并未提出材料与废弃物运输区域的目测高度，而施工现场实际扬尘高度应在土石方作业区高度与结构施工、安装、装饰装修阶段高度之间，同时考虑渣土车的车轮直径在1.06～1.11m，故暂将其限值取为1m，见表6-4-1。

我国各省市普遍把降尘监测作为常规监测项目，但各地降尘量水平差异较大，所用的评价标准也各异。各地采用的降尘标准可分为两种类型：一类为根据本省（市）情况统一制定一个标准定值评价，如辽宁、广东等省。另一类为清洁对照点降尘量监测值加上某数值得到评价标准值（国家推荐方法）。国家环保局（91）环监字第089号文件《环境质量报告书编写技术规定》中建议降尘量的评价标准是：以各城市的清洁对照点测值衡量，南方城市加 3t/（km²·30d），北方城市加 7t/（km²·30d）作为暂定限值；这与降尘污染具有南、北地域的空间差异有关，北方地区降尘量明显高于南方地区。因此，将降尘的指标限值调整为清洁对照点测值加 3t/（km²·30d）和加 7t/（km²·30d），分别填入主体结构施工、装饰装修施工和土石方基础施工与拆除施工、材料与废弃物运输指标限值中，见表 6-4-1。而表中的一、二、三级中的清洁对照点选取不同，使得其三者之间有差异。

针对土石方基础施工与拆除施工和材料与废弃物运输的浓度限值，参考中华人民共和国国家职业卫生标准《工作场所有害因素职业接触限值 化学有害因素》GBZ 2.1—2007 中的超限倍数：在符合 PC-TWA 的前提下，粉尘的超限倍数是 PC-TWA 的 2 倍；化学物质的超限倍数（视 PC-TWA 限值大小）是 PC-TWA 的 1.5 ～ 3 倍。因此将扬尘污染最严重的土石方基础施工与拆除施工阶段的浓度限值调整为主体结构施工阶段的 2 倍，材料与废弃物运输的浓度限值调整为主体结构施工阶段的 1.5 倍。

TSP、PM10 与 PM2.5 在施工各阶段的各级浓度限值见表 6-4-1。

施工各阶段的各级浓度限值　　　　　　　　　　表 6-4-1

施工阶段/活动	目测高度（m）	指标限值											
		降尘（t·km⁻²·月⁻¹）			TSP（24h 平均）（μg/m³）			PM10（24h 平均）（μg/m³）			PM2.5（24h 平均）（μg/m³）		
		一级	二级	三级	一级	二级	三级	一级	二级	三级	一级	二级	三级
土石方基础施工与拆除施工	1.5	清洁对照点测值＋7	清洁对照点测值＋7	清洁对照点测值＋7	240	600	1000	100	300	500	70	150	230
主体结构施工	0.5	清洁对照点测值＋3	清洁对照点测值＋3	清洁对照点测值＋3	120	300	500	50	150	250	35	75	115
装饰装修施工	0.5	清洁对照点测值＋3	清洁对照点测值＋3	清洁对照点测值＋3	120	300	500	50	150	250	35	75	115
材料与废弃物运输	1	清洁对照点测值＋7	清洁对照点测值＋7	清洁对照点测值＋7	180	450	750	75	225	375	52.5	112.5	172.5

注：表中降尘评价指标限值中的清洁对照点测值应为当地环保局所设立的城市清洁对照点位的测值。

第五节　监测参数选择

全国各省市发布的空气质量标准、绿色施工标准有很多，但尚无跟施工现场扬尘定量控制指标相关的国家标准，截至本书完稿，共有地方标准 6 部，分别是《建筑施工颗粒物控制标准》DB 31/964—2016、《施工及堆料场地扬尘排放标准》DB 21/2642—2016、《建设工程扬尘污染防治技术规范》SZDB/Z 247—2017、《施工场界扬尘排放限值》DB 61/1078—2017、《福建省建设工程施工现场扬尘防治与监测技术规程》DBJ/T 13—275—2017 和《施工场地扬尘排放标准》DB 13/2934—2019。另外，住房城乡建设部针对绿色施工科技示范工程发布了《住房城乡建设部绿色施工科技示范工程技术指标及实施与评价指南》（试用版）。

TSP，英文 Total Suspended Particulate 的缩写，即总悬浮微粒，又称总悬浮颗粒物，是指环境空气中空气动力学当量直径小于 100μm 的颗粒物。

《建筑施工颗粒物控制标准》DB 31/964—2016 扬尘监测控制指标是颗粒物（TSP），该标准规定，扬尘在线监测数据以 15min 均值作为基准，每日统计超标情况。当日统计时段内，2 次及以上 15min 均值超过 2.0mg/m³，或 7 次及以上 15min 均值超过 1.0mg/m³ 的，视为当日扬尘在线监测数据超标。

《施工及堆料场地扬尘排放标准》DB 21/2642—2016 扬尘监测控制指标是颗粒物（TSP），该标准规定，扬尘在线监测数据以 5min 均值作为基准，将 0.8mg/m³ 定为城镇建成区施工及堆料场地扬尘排放标准限值，郊区及农村地区施工及堆料场地扬尘排放限值应低于 1.0mg/m³。

《建设工程扬尘污染防治技术规范》SZDB/Z 247—2017 扬尘监测控制指标是 TSP，该标准规定，扬尘在线监测数据对 TSP15min 平均浓度值进行监控，大于 0.3mg/m³，应发送报警信息。

《施工场界扬尘排放限值》DB 61/1078—2017 扬尘监测控制指标是总悬浮颗粒物（TSP），该标准规定，扬尘在线监测数据以当日单次小时平均浓度最大值（TSPmax）作为基准，通过 1.3PM10 和 2PM10 这 2 个参数将结果划分为 3 个等级。

施工场地是指各类建设工程施工和建筑物拆除施工限定的边界范围以内的作业区域，施工场地产生并逸散至周围环境空气中的空气动力学当量直径小于等于 10μm 的颗粒物，简称 PM10。《福建省建设工程施工现场扬尘防治与监测技术规程》DBJ/T 13—275—2017 扬尘监测指标为 PM10。监测点 PM10 的报警值为 100μg/m³，超标浓度限值为 150μg/m³。同时规定，一日内，以一个工程建筑施工场界为单位，单位内的任意监测点监测数值均计入统计，PM10 的 20min 平均浓度值超过浓度限值的总次数应不超过 6 次。

《施工场地扬尘排放标准》DB 13/2934—2019 规定的施工场地扬尘排放控制项目也是 PM10。该标准确定监测点浓度限值为 80μg/m³。由于施工场地扬尘排放浓度受瞬间大风等因素影响较大，该标准提出，全天内 PM10 小时平均浓度超标不超过两次。

《住房城乡建设部绿色施工科技示范工程技术指标及实施与评价指南》（试用版）扬尘控制的控制指标包括 PM2.5 和 PM10 两项。该指南规定，PM2.5 和 PM10 均不得高于当地气象部门公布数据值，每日上午、下午各采集一次数据进行对比。

各监测指标及报警值整理见表 6-5-1：

现有规范指南监测指标及报警值　　　　　　　　　表 6-5-1

序号	规范/指南名称	适用范围	监测指标	报警值	浓度限值	备　注
1	《住房城乡建设部绿色施工科技示范工程技术指标及实施与评价指南》（试用版）	住房城乡建设部绿色施工科技示范工程	PM2.5 PM10		不超过当地气象部门公布数据值	每日上、下午进行一次数据采集进行对比
2	《施工场地扬尘排放标准》	河北省	PM10		80μg/m³，≤2次/天	PM10 小时平均浓度实测值与同时段所属县（市、区）PM10 小时平均浓度的差值。当县（市、区）PM10 小时平均浓度值大于 150μg/m³ 时，以 150μg/m³ 计
3	《福建省建设工程施工现场扬尘防治与监测技术规程》	福建省	PM10	瞬时值 ≥ 100μg/m³	150μg/m³，≤6次/日	20min 平均浓度
4	《施工场界扬尘排放限值》	陕西省	TSP		拆除、土石方及地基处理工程 0.8mg/m³ 基础、主体工程及装饰工程 0.7mg/m³	小时平均浓度
5	《建设工程扬尘污染防治技术规范》	深圳市	TSP	0.3mg/m³	0.3mg/m³	连续 15min 平均浓度
6	《施工及堆料场地扬尘排放标准》	辽宁省	TSP		城镇建成区 0.8mg/m³ 郊区及农村地区 1.0mg/m³	连续 5min 平均浓度
7	《建筑施工颗粒物控制标准》	上海市	TSP		2.0mg/m³，≤1次/日 1.0mg/m³，≤6次/日	连续 15min 平均浓度

从表 6-5-1 可以看出，2017 版《绿色施工科技示范工程技术指标及实施与评价指南》及之前发布的地方标准，控制指标大多采用 TSP；从 2017 年开始，控制指标陆续转为 PM10、PM2.5；扬尘控制标准指南的监测指标计算周期多种多样，包括 5min、15min、20min、60min、12h 5 种。考虑到各地的兼容性，施工现场扬尘监测参数建议选择 4 个参数：PM2.5、PM10、TSP 和 TSPmax。

第六节　监　测　方　法

1. 监测仪器

1）便携式粉尘浓度测量仪

利用散射光测量原理，现场实时监测扬尘的浓度，如图 6-6-1 所示。

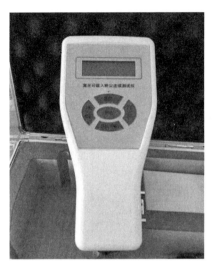

图 6-6-1　便携式粉尘浓度测量仪

2）扬尘在线自动监测系统

扬尘在线自动监测系统较为成熟，通常由颗粒物在线监测仪、数据采集和传输系统、视频监控系统、后台数据处理系统及管理平台共 5 部分组成。

扬尘在线监测系统技术指标通常要求如表 6-6-1 所示：

扬尘在线监测系统技术指标表　　　　　表 6-6-1

名称	指标		技术要求
颗粒物在线监测仪	监测方式		连续自动监测
	监测方法		光散射法、β 射线法、微量振荡天平法等
	测量量程		至少覆盖 0.01 ～ 30.00mg/m³
	时间分辨率		60s
	流量漂移		24h 内，任意一次测试时间点流量变化≤ ±10% 设定流量，24h 平均流量变化≤ ±5%
	与参比方法比较	单组样品相对误差	任意一组样品相对误差绝对值≤ 25%
		平均相对误差	不少于 20 对样品，平均相对误差≤ 20%
		相关系数	≥ 0.85（90% 置信度）
	重现性		≤ ±7%
	除湿		具备自动除湿或湿度补偿功能
	校准		具备自动校准功能
	浓度报警		具备设定浓度报警功能

2. 测点位置和数量

不同标准对测点位置和数量的要求不同。根据《建筑施工颗粒物控制标准》 DB 31/964—2016 规定：颗粒物采样口高度一般应设在距地面 3.5m±0.5m，占地面积 10000m² 及其以下的建筑工地应至少设置 1 个监测点。占地面积在 10000m² 以上的建筑工地，每 10000m² 宜增设 1 个监测点。《施工及堆料场地扬尘排放标准》DB 21/2642—2016 规定：监测点应根据实际情况设置于边界外受场地扬尘影响的浓度最高点处，例如施工及堆料场地边界设有围挡，监测点通常设于围挡外任意可能浓度最高点处，亦可设于工地出入口或围挡开口处；无围挡施工及堆料场地监测点可设于边界外任意可能浓度最高点处。《建设工程扬尘污染防治技术规范》SZDB/Z 247—2007 规定：占地面积 5000m² 及以上的施工工地出口应安装 TSP 在线自动监测设施，从 TSP 在线监测仪采样口到附近最高障碍物之间的水平距离，至少应为该障碍物高出采样口垂直距离的 2 倍以上，TSP 在线监测仪采样口高度应设在距地面 3.5m±0.5m 处，距离任何反射面应大于 3.5m。《施工场界扬尘排放限值》DB 61/1078—2017 则规定：监测点位应设置于施工场地围栏安全范围内的边界处，且可直接监控工地现场主要施工活动的区域，每个施工场地至少在主导风向下风向污染最重区域场界（可在围栏或围栏内侧）设置 1 个监测点位，如城区无明确主导风向时应设置在施工车辆的主出入口，设置 2 个及以上点位的，其中至少一个监测点应设置在施工车辆的主出入口，其余点位应尽量选择在污染最重区域场界或主要的施工车辆出入口处；颗粒物采样口高度一般应设在距地面 2.0 ~ 4.0m，占地面积 10000m² 及其以下的施工场地应至少设置 1 个监测点，占地面积在 10000m² 以上的施工场地应至少设置 2 个监测点，后续施工场地每增加 10000m² 增设 1 个监测点，新增面积不足 10000m² 的按 10000m² 计；《施工场地扬尘排放标准》DB 13/2934—2019 要求更高，也更为细致，具体如表 6-6-2 所示。

河北省施工场地扬尘监测点数量要求　　　　　　　　　表 6-6-2

占地面积 S（m²）	监测点数量（个）
$S \leqslant 5000$	$\geqslant 1$
$5000 < S \leqslant 10000$	$\geqslant 2$
$10000 < S \leqslant 100000$	$\geqslant 4$
$S > 100000$	在 10 万 m² 最少设置 4 个监测点的基础上，每增加 10 万 m² 最少增设 1 个监测点（不足 10 万 m² 的部分按 10 万 m² 计）

同时规定，监测点位宜优先设置于车辆进出口处，监测点数量多于车辆进出口数量时，其他监测点位应结合常年主导风向，设置在工地所在区域主导风向下风向的施工场地边界，兼顾扬尘最大落地浓度，采样口离地面的高度宜在 3 ~ 5m 内。

综合以上标准要求，建议施工现场扬尘监测点位和数量遵循以下原则：

1）每个工地布置至少 2 个监测点，在主导风向较明显的状况下，应当将一个监测点布置在距离污染源较近的下风向，同时上风向布设一个监测点作为对照，宜布置在场地边界或主要出入口处；在监测点周围，不能有障碍物阻碍环境空气流通。从监测点采样口到附近最高障碍物之间的水平距离，至少是该障碍物高出采样口垂直距离的两倍以上。

2）根据施工场地扬尘污染情况和污染源位置，测点应设在扬尘集中发生的地方，如材料堆场及加工棚、运输车辆主要道路、施工作业区和生活区。考虑到随着施工阶段的进行，扬尘污染源也将随之改变，因此采用手持式粉尘浓度测量仪在施工作业区下风向的围挡外 1m 处进行补充监测。

3）降尘缸应该布置在自动监测仪器测点处，作为对扬尘污染总量监测的补充。

4）测点高度：针对 TSP、PM10 和 PM2.5 的监测一般是在距地面 1.5m±0.5m 处进行。

3. 监测操作步骤

1）TSP、PM10 和 PM2.5 的监测步骤

使用便携式粉尘浓度测量仪对 TSP、PM10 和 PM2.5 进行连续监测。

便携式粉尘浓度测量仪监测步骤如下：

作为对瞬时扬尘污染情况的记录，应指定一名工作人员在根据施工阶段选择的主要施工区，如土石方作业区、车辆运输道路、物料加工棚等重点扬尘源处，当其在进行扬尘污染较大的施工活动时，分别在作业开始前、作业进行中和作业完成后监测，每次监测 5min，共 3 次，记录其对应数值、扬尘目测高度和施工活动内容。

2）基本气象资料的监测步骤

采用手持式气象站，对风向、风速、气温、相对湿度、气压等要素进行全天候现场监测并记录。

基本气象资料的监测步骤如下：

手持式气象站与便携式粉尘浓度测量仪在同一位置同时使用，如图 6-6-2 所示，并记录在对应表格中。

图 6-6-2　手持式气象站

第七节 数据记录整理

1. 监测数据记录

监测数据记录见表6-7-1。

施工期间各测点瞬时施工扬尘浓度与目测高度记录表 　　表6-7-1

测量序号	测量时间	施工活动	时间段	温度（℃）	湿度（RH）	气压（Pa）	风速（m/s）	风向	TSP（μg/m³）	PM10（μg/m³）	PM2.5（μg/m³）	目测高度(m)	是否达标
						日期：_____ 测量区域：_____ 测点编号：							
1			前5min										
			中5min										
			后5min										
2			前5min										
			中5min										
			后5min										
3			前5min										
			中5min										
			后5min										

2. 监测结果评价

根据被测施工场地所在的环境区域，确定其区域类别，并根据表6-4-1进而确定监测指标限值。

1）目测高度评价

由于目测高度只能通过监测人员现场进行目视测量，因此在进行数据记录时，即可根据表6-7-1中对应的目测高度限值对其进行评价是否达标，可以反映出单个测点不同时间的施工扬尘污染情况。

而对于不同测点间的施工扬尘污染情况则通过表6-7-2进行评价和对比。

施工扬尘目测高度评价 　　表6-7-2

测点	所处施工阶段	实际目测高度（m）	目测高度限值（m）	超标倍数	是否达标
	基坑支护与土石方施工		1.5		
	地下室结构施工		0.5		
	主体结构施工		0.5		
	装饰装修施工		0.5		

2）TSP、PM10 和 PM2.5 监测数据的评价

因为采用噪声扬尘在线监测系统对 TSP、PM10 和 PM2.5 进行监测，该系统可自动计算出对应监测指标的日平均值，因此只需每天进入系统将其数值记录在表中，并对其污染情况进行评价，见表 6-7-3 ～表 6-7-5。

TSP 监测结果评价　　　　　　　　　　　　　　　　　表 6-7-3

| 日期 | 所处施工阶段 | 测 点 | TSP 限值（µg/m³） | 手 动 监 测 | | 自 动 监 测 | | |
				最大浓度（µg/m³）	超标倍数	24h 平均（µg/m³）	超标倍数	是否达标
		测点一	300					
		测点二						
		测点三						
……								

PM10 监测结果评价　　　　　　　　　　　　　　　　　表 6-7-4

| 日期 | 所处施工阶段 | 测 点 | PM10 限值（µg/m³） | 手 动 监 测 | | 自 动 监 测 | | |
				最大浓度（µg/m³）	超标倍数	24h 平均（µg/m³）	超标倍数	是否达标
		测点一	150					
		测点二						
		测点三						
……								

PM2.5 监测结果评价　　　　　　　　　　　　　　　　　表 6-7-5

| 日期 | 所处施工阶段 | 测 点 | PM2.5 限值（µg/m³） | 手 动 监 测 | | 自 动 监 测 | | |
				最大浓度（µg/m³）	超标倍数	24h 平均（µg/m³）	超标倍数	是否达标
		测点一	75					
		测点二						
		测点三						
……								

3. 监测注意事项

1）手持仪器每次测量前都要对仪器进行校准。

2）严格控制测量时间，保证测量数据的数量和质量符合要求。

3）若出现恶劣天气，气象参数的观测应改为每小时记录一次。

4）现场测量人员应做好防护措施，如佩戴口罩等。

5）监测人员需经过培训才可进行监测，并由专人保管仪器和监测数据。

第七章　施工现场全过程污染物监测系统

第一节　研　究　背　景

国内外对施工现场污染的研究主要还是针对单项污染开展，其中对噪声和扬尘两方面的形成原因、污染程度、影响范围等已有较为成熟的研究成果，对污水、光污染和有害气体的研究则刚刚起步。总的来说，国内外针对施工现场的污染研究还处于单项污染形成原因分析、控制技术研发阶段；对现场污染的监测还处于监测系统开发阶段。本课题在此基础上，对施工全过程所有污染物的扩散机理进行研究，然后系统的提出指标控制体系，同时，对现场污染物的监测方法以及监测后数据如何利用等开展研究。

1. 国外研究现状及趋势

绿色施工提倡"四节一环保"，其中"环保"要求将施工对环境的影响降到最低。国外将绿色施工称为"精益建造"，对施工给环境造成的影响也作出了系统规定。许多学者进行大量研究：在施工噪声污染方面，研究者从噪声的测度、原因分析、影响分析出发，最终到解决措施为止，其研究方法是科学的。但在具体的噪声管理措施概括性很强，与施工过程结合的噪声产生机理、传播模式及其危害阐述不够。在空气污染方面，污染物形成机理、污染物危害和防治方面的研究也处于起步阶段，大多数学者对污染物形成的机理都停留在静态研究，对于基于动态的建筑工地污染物形成机理和运动轨迹研究则更加少，这一点在噪声污染的研究中也同样存在。在固体废物方面，虽研究内容较多，但总体上仍停留于理论层面，具体应用十分有限。国外对施工过程水污染的控制已从浓度控制逐步过渡到总量控制。对于施工过程光污染的控制，国外主要从遮挡光源、加强防护与集中施工两个方面开展研究。

施工对环境的影响及控制效果需要通过相关的系统监测才能获得，但在这方面国外研究也较少，研究主要针对监测系统本身。

国外绿色施工污染物控制相关政策已形成较为完整的体系与模式，但在污染物产生、扩散机理等学术层面的研究仍存不完善。同时对于施工对环境影响的监测，主要针对监测系统本身的开发，而对于如何监测、怎样监测以及监测后数据如何利用的研究仍处于空白阶段。

2. 国内研究现状及趋势

在我国，施工过程污染物控制已形成基本政策体系，对施工污染物控制起到一定改良作用。但以此形成的规范、标准总体上仍属于对施工污染物定性管控、评价。在学术层面，国外对建筑业噪声、空气污染、固体废物的研究成果无论从成果的丰富性还是研究深入程度上，都要好于国内同类研究，但国内外的施工条件、施工环境、政策法规具有一定差异，因而尚须结合我国建筑业特点开展研究；国内对施工过程光污染的研究较少，主要集中于城市整体的光污染控制监测。而对于施工过程水污染控制与监测系统的研究国内才刚刚起步，相关研究报道极少。

在施工污染监测方面，与国外一样，虽然有大量的研究人员针对监测系统本身进行研究，但对于如何将监测系统运用到施工全过程的监控与管理当中，依然十分缺乏。

总的来说，我国对施工过程污染物控制虽有一定的基础，但与国外相比，国内对施工污染物产生、监测、控制等研究仍处于起步阶段，一些具体实施过程也是被动、粗放的。同时，对于施工现场的环境负荷监测、控制研究十分缺乏。

第二节 本系统的开发目的

集成噪声仪、颗粒物在线监测仪、空气质量参数测试仪、水质测定仪等监测设备，开发施工全过程污染物监测预警系统及 APP，实现施工全过程有害气体、污水、噪声、光、扬尘 5 类污染物数据的实时动态采集及计算机自动远程监测预警。

收集施工现场污染原始数据，建立施工现场污染物数据库框架，为建筑行业数据库的建立提供基础模型和基础数据。

第三节 体 系 架 构

1. 逻辑架构

系统逻辑架构见图 7-3-1。

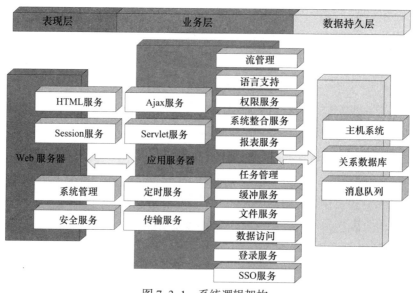

图 7-3-1 系统逻辑架构

2. 功能架构

系统功能架构见图 7-3-2。

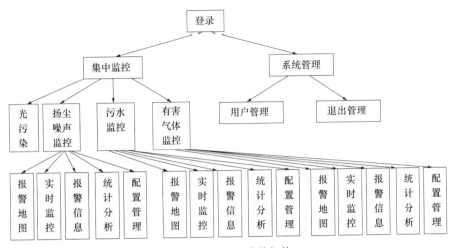

图 7-3-2　系统功能架构

3. 物理架构

系统物理架构见图 7-3-3。

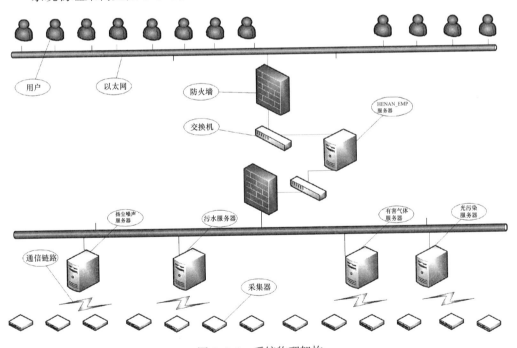

图 7-3-3　系统物理架构

第四节　系统特性

本次建设将遵循"先进性、可靠性、实用性、安全性、易使用性、开放性、有限开源性、可维护性、易部署"等总体建设原则，同时系统建设也将考虑到现行的通用标准之外，最为关键的既是"以人为本"的出发点，系统符合不同地区不同项目的使用，构建一套实实在在的不但能用而且适用的系统。

平台系统特性包含：

1）先进性：前端采用 bootstrap 框架设计前端人机交互界面，自适应于台式机、移动电脑、手机等，适用范围比较广泛。

2）可靠性：系统在设计时采用成熟、稳定、可靠的软件技术，以保证系统在大数据量、高并发的情况下长时间不间断地安全运行。

3）实用性：前后台间用 ssh + ajax + html5 进行少量数据交互，即可实现在不重新加载整个页面的情况下，与服务器交换数据并更新部分网页，能快速创建动态网页，简便快速。

4）安全性：系统建设充分符合用户对信息安全管理的要求，建立完善可靠的安全保障体系，对非法入侵、非法攻击和网络计算机病毒等网络安全问题具有很强的防范能力，同时系统具有严格的身份认证功能等技术手段对数据安全和操作安全加以保护。

5）易使用性：告警信息上，做到图形与信息相结合，有非常具体直接的感观效果，极大地提高了用户体验。

6）开放性与标准化：采用的技术和设备符合国际标准、国家标准和行业标准，为系统的扩展升级、与其他系统的互联提供良好基础。同时提供良好标准的接口，便于系统的维护与修改，也可以比较方便的对外部系统服务。

7）有限开源性：系统将对企业开放部分程序的非核心代码，以便于今后随着业务逻辑的变化，企业需要对系统进行维护、微调或二次开发。同时系统也将提供规范的数据库设计，接口规范。

8）高扩展性：系统将为松耦合的建设特点各功能模块间的耦合度小，以适应业务发展需要，便于系统的继承和扩展。充分考虑到今后不断发展的新技术，新产品出现时对本系统的兼容性。

9）可维护性：系统应具有良好的软件结构，各个部分具有明确和完整的定义，在进行局部的修改时不会影响全局和其他部分的结构和运行。

10）备份机制：对系统提供完善的备份机制。

第五节　技术平台选型

1. 采用 .NET 平台

系统将基于微软 .NET4.0 技术构架进行开发构建。相对以前的 Web 开发模型，ASP.NET 提供了数个重要优点：

1）增强的性能

ASP.NET 可利用早期绑定、实时编译、本机优化和盒外缓存服务。这相当于在编写代码行之前便显著提高了性能。

2）世界级的工具支持

ASP.NET 框架补充了 Visual Studio 集成开发环境中的大量工具箱和设计器。

3）威力和灵活性

由于 ASP.NET 基于公共语言运行库，因此 Web 应用程序开发人员可以利用整个平台的威力和灵活性。.NET 框架类库、消息处理和数据访问解决方案都可从 Web 无缝访问。ASP.NET 也与语言无关，所以可以选择最适合应用程序的语言，或跨多种语言分割应用程序。另外，公共语言运行库的交互性保证在迁移到 ASP.NET 时保留基于 COM 的开发中的现有投资。

4）简易性

ASP.NET 使执行常见任务变得容易，从简单的窗体提交和客户端身份验证到部署和站点配置。例如，ASP.NET 页框架使用户可以生成将应用程序逻辑与表示代码清楚分开的用户界面，和在类似 VB 的简单窗体处理模型中处理事件。另外，公共语言运行库利用托管代码服务（如自动引用计数和垃圾回收）简化了开发。

5）可管理性

ASP.NET 采用基于文本的分层配置系统，简化了将设置应用于服务器环境和 Web 的应用程序。由于配置信息是以纯文本形式存储的，因此可以在没有本地管理工具帮助的情况下应用新设置。此"零本地管理"哲学也扩展到 ASP.NET 框架应用程序的部署。只需将必要的文件复制到服务器，即可将 ASP.NET 框架应用程序部署到服务器。不需要重新启动服务器，即使是在部署或替换运行的编译代码时。

6）可缩放性和可用性

ASP.NET 在设计时考虑了可缩放性，增加了专门用于在聚集环境和多处理器环境中提高性能的功能。另外，进程受到 ASP.NET 运行库的密切监视和管理，以便当进程行为不正常（泄漏、死锁）时，可就地创建新进程，以帮助保持应用程序始终可用于处理请求。

7）自定义性和扩展性

ASP.NET 随附了一个设计周到的结构，它使开发人员可以在适当的级别插入代码。实际上，可以用自己编写的自定义组件扩展或替换 ASP.NET 运行库的任何子组件。实现自定义身份验证或状态服务一直没有变得更容易。

8）安全性

借助内置的 Windows 身份验证和基于每个应用程序的配置，可以保证应用程序是安全的。

2. 面向服务架构

面向服务架构（简称为 SOA）是一个组件模型，它将应用程序的不同功能单元

87

（称为服务）通过这些服务之间定义良好的接口和契约联系起来。接口采用中立的方式进行定义，它应该独立于实现服务的硬件平台、操作系统和编程语言。这使得构建在各种这样的系统中的服务可以一种统一和通用的方式进行交互。SOA是一个基于标准的组织和设计方法，它利用一系列网络共享服务，使IT能更紧密地服务于业务流程。通过采用能隐藏潜在技术复杂性的标准界面，SOA能提高IT资产的重用率，从而加快开发并更加可靠地交付新的增强后的业务服务。

使用SOA具有以下好处：

1）利用现有的资产

SOA提供了一个抽象层，通过这个抽象层，企业可以继续利用它在IT方面的投资，方法是将这些现有的资产包装成提供企业功能的服务。组织可以继续从现有的资源中获取价值，而不必重新从头开始构建。

2）更易于集成和管理复杂性

在面向服务的体系结构中，集成点是规范而不是实现。这提供了实现透明性，并将基础设施和现实发生的改变所带来的影响降到最低限度。通过提供针对基于完全不同的系统构建的现有资源和资产服务规范，集成变得更加易于管理，因为复杂性是隔离的。

3）更快地响应

从现有的服务中组合新的服务能力为需要灵活地应苛刻客户要求的组织提供独特优势。通过利用现有的组件和服务，可以减少完成软件开发生命周期（包括收集需求、进行设计、开发和测试）所需的时间。

4）减少成本和增加重用

通过以松散耦合的方式公开的业务服务，企业可以根据业务要求更轻松地使用和组合服务。这意味资源副本的减少、重用和降低成本的可能性的增加。

5）为未来建设打下基础

通过SOA，可以未雨绸缪，为未来的建设做好充分准备。SOA业务流程是由一系列业务服务组成的，可以更轻松地创建、修改和管理它来满足不同时期系统建设的需要。

利用Web服务来实现SOA。Web服务建立在开放标准和独立于平台的协议基础上。Web服务通过HTTP使用SOAP（一种基于XML的协议），以便在服务提供者和消费者之间进行通信。服务通过WSDL定义的接口来公开，WSDL的语义用XML定义。UDDI是一种语言无关的协议，用于和注册中心进行交互以及查找服务。所有这些特性都使得Web服务成为开发SOA应用程序的优秀选择。

第六节　软硬件配置

考虑到数据安全性及可靠性，本次集成方案需完成以下目标：

1）提供系统高可用环境

2）利用负载均衡技术提高业务系统承载负荷

3）采用备份软件保证业务数据安全

（1）硬件规划：表7-6-1显示此次部署的服务器。

服务器数据 表7-6-1

序号	服务器名称	操作系统	配置要求	软件产品
1	应用服务器	Windows Server 2012 R2 Standard	CPU：Intel（R）Xeon（R）CPU X7350 @ 2.93GHz2.92GHz（4核）； 内存：32GB DDR3； 磁盘：1T	
2	数据库服务器	Windows Server 2012 R2 Standard	CPU：Intel（R）Xeon（R）CPU X7350 @ 2.93GHz2.92GHz（4核）； 内存：64GB DDR3； 磁盘：1T	SQL Server 2012 Standard
3	模型处理服务器	Windows Server 2012 R2 Standard	CPU：Intel（R）Xeon（R）CPU X7350 @ 2.93GHz2.92GHz（4核）； 内存：64GB DDR3； 磁盘：2T	

（2）系统软件规划，见表7-6-2。

系统软件 表7-6-2

序号	设备类型	设备规格	数量
1	Windows Server 2012 R2 标准版	WinSvrStd 2012R2 OLP NL Gov 2Proc Qlfd（含2台虚拟机授权）	3
2	Windows Server 2012 R2 CAL	WinSvrCAL 2012 OLP NL GovDvcCAL	30
3	SQL Server 2012 标准版	SQL Server Standard Edition 2012	1

第七节　功 能 模 块

1. 登录页和首页

系统登录页体现"绿水青山、绿色施工"的主题思想，以绿色为主色调，蓝白两色为辅色调，正中是系统登录框，如图7-7-1所示。

图7-7-1　系统登录页

对噪声、扬尘、有害气体、水、光等污染物监测项目通过地图方式展示。以红色表示监测点超标和离线报警，黄色表示预警，绿色表示正常，点击监测点可以看到监测点的当前简略信息，如图 7-7-2 所示。

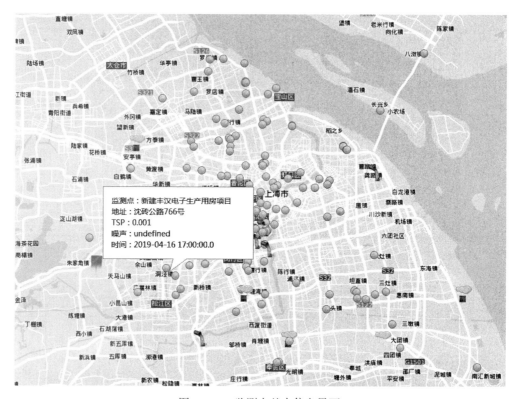

图 7-7-2　监测点基本信息界面

2. 噪声监测

噪声监测子系统包括首页、实时监测、报警与审核、统计分析、配置管理 5 个模块。界面最左侧是功能模块，最右侧是监测点位分布图，中间紧邻功能模块是监测点树，由省/直辖市、市/区、项目三级组成。

噪声监测数据界面如图 7-7-3 所示。

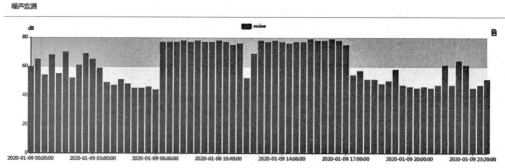

图 7-7-3　噪声监测数据界面

各个监测点最新数据界面如图 7-7-4 所示。

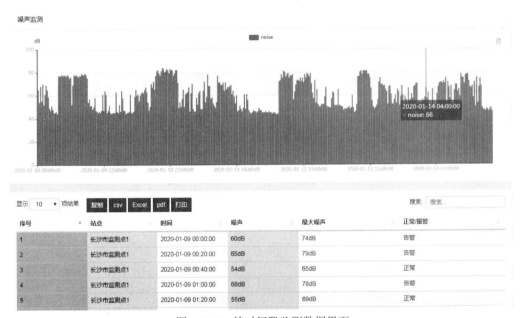

显示 10 ▼ 项结果　复制　csv　Excel　pdf　打印					搜索: 搜索
序号 ▲	站点	时间	噪声	最大噪声	正常/报警
1	长沙市监测点1	2020-01-09 00:00:00	60dB	74dB	告警
2	长沙市监测点1	2020-01-09 00:20:00	65dB	79dB	告警
3	长沙市监测点1	2020-01-09 00:40:00	54dB	65dB	正常
4	长沙市监测点1	2020-01-09 01:00:00	68dB	78dB	告警
5	长沙市监测点1	2020-01-09 01:20:00	55dB	69dB	正常
6	长沙市监测点1	2020-01-09 01:40:00	70dB	84dB	告警
7	长沙市监测点1	2020-01-09 02:00:00	52dB	63dB	正常
8	长沙市监测点1	2020-01-09 02:20:00	61dB	74dB	告警
9	长沙市监测点1	2020-01-09 02:40:00	69dB	79dB	告警
10	长沙市监测点1	2020-01-09 03:00:00	65dB	78dB	告警

显示第 1 至 10 项结果，共 66 项　　　　上页 **1** 2 3 4 5 6 7 下页

图 7-7-4　各个监测点最新数据界面

可以选取数据类型（1min、20min、1h、1d）时间段后，再点击监测点树上的具体监测点，对各个监测点的噪声数据情况进行查询，如图 7-7-5 所示。

图 7-7-5　某时间段监测数据界面

3. 扬尘监测

扬尘监测子系统包括首页、实时监测、报警与审核、统计分析、配置管理 5 个模块。界面最左侧是功能模块，最右侧是监测点位分布图，中间紧邻功能模块是监测点树，由省/直辖市、市/区、项目三级组成。

PM10 小时数据和背景值对比的界面如图 7-7-6 所示。

各个监测点最新数据界面如图 7-7-7 所示。

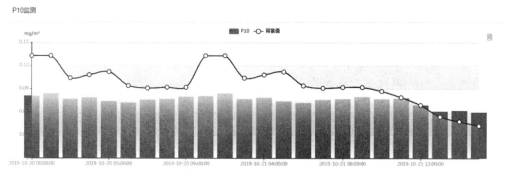

图 7-7-6　PM10 小时数据和背景值对比数据界面

显示 10 项结果　复制　csv　Excel　pdf　打印　　搜索：搜索...

序号	监测值	背景值	时间	正常/超标/告警
1	0.081mg/m^3	0.133mg/m^3	2019-10-20 00:00:00	超标
2	0.084mg/m^3	0.133mg/m^3	2019-10-20 01:00:00	超标
3	0.077mg/m^3	0.104mg/m^3	2019-10-20 03:00:00	超标
4	0.079mg/m^3	0.108mg/m^3	2019-10-20 04:00:00	超标
5	0.074mg/m^3	0.112mg/m^3	2019-10-20 05:00:00	超标
6	0.072mg/m^3	0.094mg/m^3	2019-10-20 06:00:00	超标
7	0.076mg/m^3	0.091mg/m^3	2019-10-20 07:00:00	超标
8	0.077mg/m^3	0.092mg/m^3	2019-10-20 08:00:00	超标
9	0.08mg/m^3	0.092mg/m^3	2019-10-20 09:00:00	超标
10	0.081mg/m^3	0.133mg/m^3	2019-10-21 00:00:00	超标

显示第 1 至 10 项结果，共 24 项　　上页　1　2　3　下页

图 7-7-7　各个监测点最新数据界面

可以选取监测类型（PM2.5、PM10、TSP），选择时间段（1min、5min、15min、1h、1d）后，再点击监测点树上的具体监测点，对各个监测点的扬尘监测数据情况进行查询，如图 7-7-8 所示。

序号	监测值	背景值	时间	正常/超标/告警
1	0.084mg/m^3	0.133mg/m^3	2019-10-20 00:00:00	超标
2	0.085mg/m^3	0.133mg/m^3	2019-10-20 00:30:00	超标
3	0.084mg/m^3	0.133mg/m^3	2019-10-20 01:00:00	超标
4	0.09mg/m^3	0.133mg/m^3	2019-10-20 01:30:00	超标
5	0.083mg/m^3	0.12mg/m^3	2019-10-20 02:00:00	超标
6	0.077mg/m^3	0.12mg/m^3	2019-10-20 02:30:00	超标
7	0.077mg/m^3	0.104mg/m^3	2019-10-20 03:00:00	超标

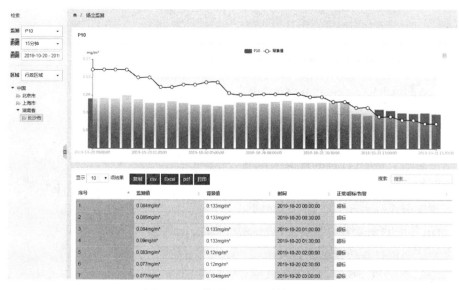

图 7-7-8　某时间段监测数据界面

4. 有害气体监测

有害气体监测子系统包括首页、实时监测、报警与审核、统计分析、配置管理 5 个模块。界面最左侧是功能模块，最右侧是监测点位分布图，中间紧邻功能模块是监测点树，由省／直辖市、市／区、项目三级组成。

SO_2 平均浓度监测数据界面如图 7-7-9 所示。

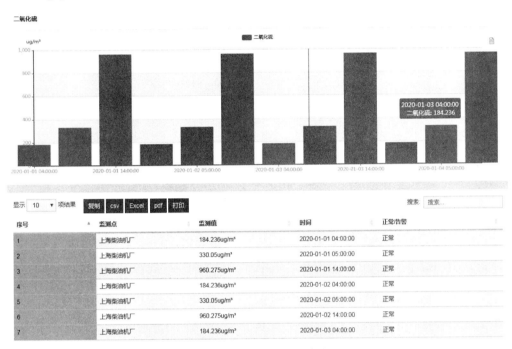

图 7-7-9　SO_2 平均浓度监测数据界面

有害气体实时监测表，每小时更新一次数据，各个监测点最新数据界面如图 7-7-10 所示。

序号	站点	设备ID	SO₂(ug/m³)	NO₂(ug/m³)	CO(mg/m³)	O₃(ug/m³)	CO₂(mg/m³)	NH₃(mg/m³)	铅(mg/m³)	甲醛(mg/m³)	苯(mg/m³)	甲苯(mg/m³)
1	上海柴油机厂	2	960.275	46.404	1.013	42197.84	0.0	959.181	0.0	0.0	0.0	0.0

显示第 1 至 1 项结果，共 1 项　　　　　　　　　　　　　　　　　上页　1　下页

图 7-7-10　各个监测点最新数据界面

选取周期（5min、15min、30min、1h、1d），内容（烟尘、SO_2、NO_x 等），时间段后，点击监测点树上的具体监测点，生成该段时间该监测点的相应数据的图形和报表，如图 7-7-11 所示。

选取时间后，再点击监测点树上的具体监测点，可以查看相应监测点的报警信息，如图 7-7-12 所示。

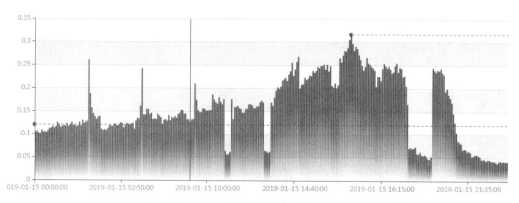

图 7-7-11　某时间段监测数据界面

图 7-7-12　监测报警信息界面

可以选取月份，生成各个市／区相应月份的统计数据，如图 7-7-13 所示。

图 7-7-13　监测月报界面

5. 水污染监测

水污染监测子系统包括首页、实时监测、报警与审核、统计分析、配置管理 5 个模块。界面最左侧是功能模块，最右侧是监测点位分布图，中间紧邻功能模块是监测点树，由省／直辖市、市／区、项目三级组成。

pH 值、悬浮物、BOD_5、COD、石油类、氨氮、色度、铬、铜、锰、锌、镍、硫化物、氟化物、甲醛、三氯甲烷、三氯乙烯、动植物油、总磷、总氮、挥发酚等监测数据界面如图 7-7-14 所示。

水污染实时监测表，每小时更新一次数据，各个监测点实测监测数据界面如图 7-7-15 所示。

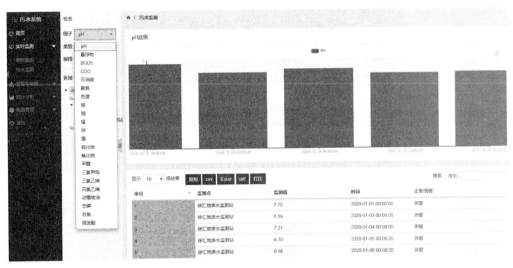

图 7-7-14 水污染监测参数监测数据界面

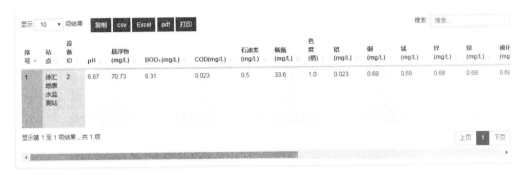

图 7-7-15 各个监测点实时监测数据界面

选取周期（5min、15min、30min、1h、1d），内容（pH 值、悬浮物、BOD$_5$、COD、石油类、氨氮、色度、铬、铜、锰、锌、镍、硫化物、氟化物、甲醛、三氯甲烷、三氯乙烯、动植物油、总磷、总氮、挥发酚等），时间段后，点击监测点树上的具体监测点，生成该段时间该监测点的相应数据的图形和报表，如图 7-7-16 所示。

选取时间后，再点击监测点树上的具体监测点，可以查看相应监测点的告警信息，如图 7-7-17 所示。

6. 光污染监测

光污染监测子系统包括首页、实时监测、报警与审核、统计分析、配置管理 5 个模块。界面最左侧是功能模块，最右侧是监测点位分布图，中间紧邻功能模块是监测点树，由省 / 直辖市、市 / 区、项目三级组成。

熄灯前照度监测界面如图 7-7-18 所示。

各个监测点最新数据界面如图 7-7-19 所示。

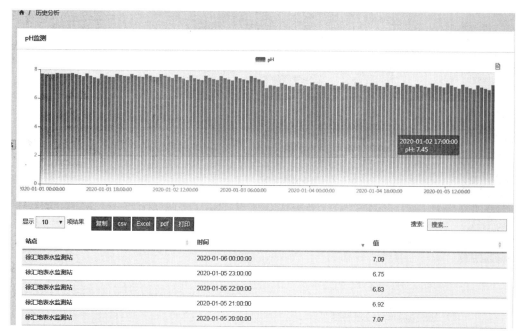

图 7-7-16 某时间段监测数据界面

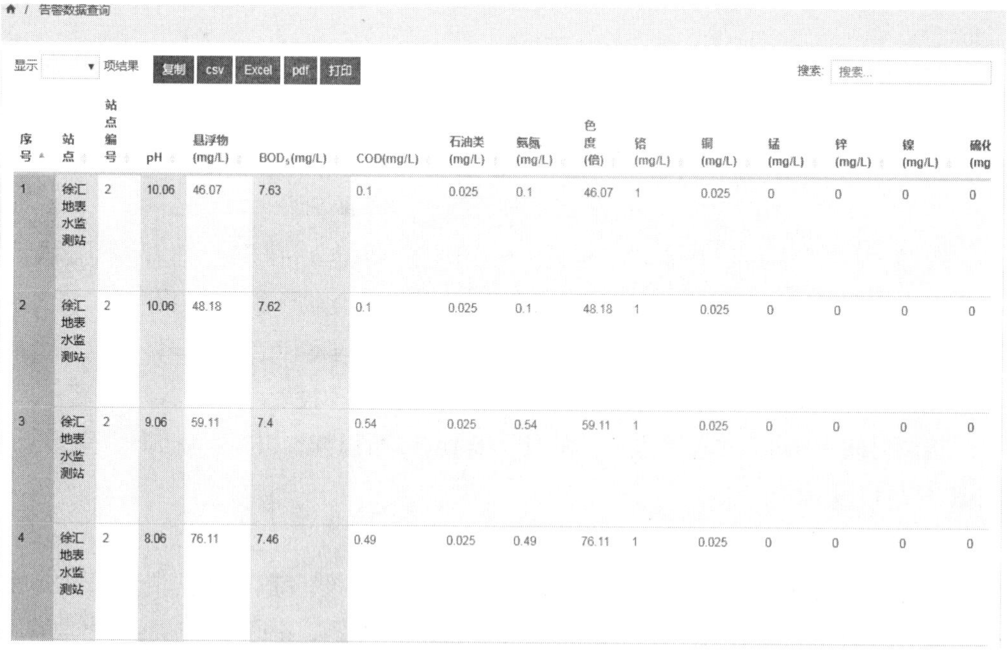

图 7-7-17 监测告警信息界面

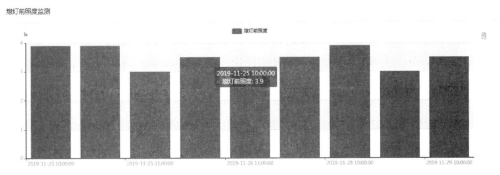

图 7-7-18 熄灯前照度监测数据界面

序号	监测点	监测值	时间	正常/告警
1	南边围挡处	4.8 lx	2019-11-25 10:00:00	正常
2	南边围挡处	4.8 lx	2019-11-25 10:00:00	正常
3	南边围挡处	5 lx	2019-11-25 11:00:00	正常
4	南边围挡处	4.1 lx	2019-11-25 12:00:00	正常
5	南边围挡处	5 lx	2019-11-26 11:00:00	正常
6	南边围挡处	4.1 lx	2019-11-27 11:00:00	正常
7	南边围挡处	4.8 lx	2019-11-28 10:00:00	正常
8	南边围挡处	5 lx	2019-11-29 10:00:00	正常

显示 10 ▼ 项结果 复制 csv Excel pdf 打印 搜索：搜索...

图 7-7-19 各个监测点最新数据界面

可以选取监测类型（熄灯前照度、熄灯后照度、熄灯前光强、熄灯后光强、光同比）、选择时间段（1h）后，再点击监测点树上的具体监测点，对各个监测点的光污染监测数据情况进行查询，如图 7-7-20 所示。

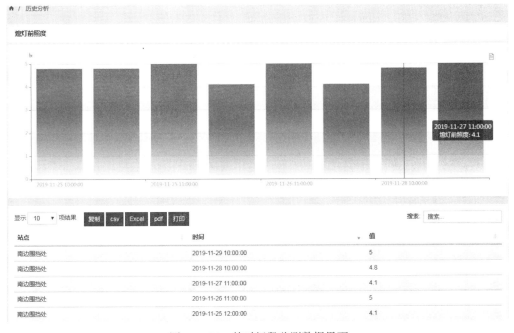

站点	时间	值
南边围挡处	2019-11-29 10:00:00	5
南边围挡处	2019-11-28 10:00:00	4.8
南边围挡处	2019-11-27 11:00:00	4.1
南边围挡处	2019-11-26 11:00:00	5
南边围挡处	2019-11-25 12:00:00	4.1

图 7-7-20 某时间段监测数据界面

7. 公共功能

软件中的每一个报表，都具备将报表中的数据复制到剪贴板或通过 CSV、Excel、PDF 导出的功能，也可以通过打印机打印输出，具备输入某一内容进行全表搜索的功能，如图 7-7-21 所示。

图 7-7-21　报表导出界面

每一个图表，都具备曲线图和柱状图和原始数据切换功能。例如，点击 ⚊，切换到曲线图，点击 ⏹，切换到柱状图，点击 ▤，切换到数据视图，如图 7-7-22～图 7-7-24 所示。

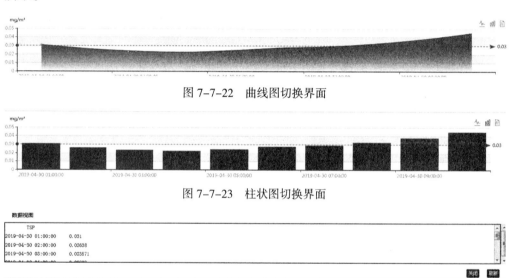

图 7-7-22　曲线图切换界面

图 7-7-23　柱状图切换界面

图 7-7-24　数据视图切换界面

第八章　示范工程

第一节　九所宾馆修缮工程

1. 项目概况

1）工程概况

九所宾馆位于长沙市芙蓉区韶山北路 16 号，北靠长沙市烈士公园，东依省委大院，南临五一大道和繁华商都，距火车站约 2km，工程地理位置图如图 8-1-1 所示。

工程建筑结构形式为混合结构，新建建筑结构设计使用合理年限为 50 年，抗震设防烈度为 6 度，耐火等级为一级，屋面防水等级为 Ⅰ 级，地下室防水等级为一级。新建建筑的建设，需对原有建筑 1 号楼等进行拆除。

该工程建筑面积 6032.24m^2（其中地上建筑面积为 3241.38m^2，地下建筑面积为 2844.93m^2，建筑总基底面积为 2875.02m^2），建筑层数为一层的单层公共建筑，建筑总高度 17.0m。

工程结构形式地下为混凝土框架结构，地上为钢框架结构，主体结构设计使用年限为 50 年，抗震设防烈度为 6 度，耐火等级为一级，建筑结构安全等级为二级，建筑抗震设防类别为丙类。

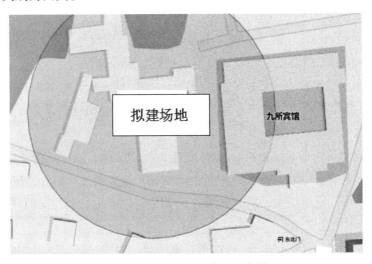

图 8-1-1　工程地理位置示意图

2）环境概况

（1）气象条件

长沙属亚热带季风气候，气候特征是：气候温和，降水充沛，雨热同期，四季分明。长沙市区年平均气温 17.2℃，各县 16.8 ～ 17.3℃，年积温为 5457℃，市区年均降水量 1361.6mm，各县年均降水量 1358.6 ～ 1552.5mm。长沙夏冬季长，春秋季短，夏季约 118 ～ 127 天，冬季 117 ～ 122 天，春季 61 ～ 64 天，秋季 59 ～ 69 天。春温变化大，夏初雨水多，伏秋高温久，冬季严寒少。3 月下旬至 5 月中旬，冷暖空气相互交绥，形成连绵阴雨低温寡照天气。从 5 月下旬起，气温显著提高，夏季日平均气温在 30℃以上有 85 天，气温高于 35℃的炎热日，年平均约 30 天，盛夏酷热少雨。9 月下旬后，白天较暖，入夜转凉，降水量减少，低云量日多。从 11 月下旬至第二年 3 月中旬，节届冬令，长沙气候平均气温低于 0℃的严寒期很短暂，全年以 1 月最冷，月平均为 4.4 ～ 5.1℃，越冬作物可以安全越冬，缓慢生长。长沙常年主导风向为西北风，夏季主导风向为东南风。

（2）工程地质条件

根据野外勘察结果，结合室内土工试验成果，场地岩土层自上而下描述如下：

① 杂填土（Q4ml）①：褐黄色，中密～密实状，稍湿，主要成分为粉质黏土，少量碎石及卵石，岩芯呈散体状、土柱状，为Ⅱ类普通土。该层场地内普遍分布于表层，揭露厚度 2.8 ～ 6.8m 不等，平均厚度 4.55m。

② 粉质黏土（Q4al + pl）②：褐灰色，硬塑状，稍湿，切面稍光滑，干强度韧性中等，手搓可呈长条状，无摇震反应，岩芯呈土柱状，采取率约 90%。根据本次勘察揭露情况，该地层场地内普遍发育，厚度一般 0.8 ～ 5.7m，平均厚度 4.01m。

③ 卵石土（Q4al + pl）③：灰黄色，稍密～中密状，饱和，卵石成分主要为砂岩及灰岩，多呈次棱角状，泥砂充填，经 ZK1、ZK6 号孔揭露，层厚 0.7 ～ 1.2m，平均厚度 0.95m。

④ 粉质黏土（Q4el）④：褐黄色，硬塑状，稍湿，切面稍光滑，干强度韧性中等，手搓可呈长条状，无摇震反应。经 ZK2 号孔揭露，层厚 0.4m。

⑤ 强风化泥质粉砂岩（K）⑤1：紫红色，厚层状，粉砂质结构，泥质胶结，原岩结构构造大部分被破坏，取芯多为泥状，少量碎块状、短柱状，为Ⅲ类硬土。揭露厚度 1.9 ～ 8.4m，平均厚度为 3.36m。

⑥ 中风化泥质粉砂岩（K）⑤2：紫红色，泥砂结构，厚层状构造，节理裂隙一般发育，岩芯多呈长柱状，节长一般 15 ～ 80cm，最大长度 120cm，RQD ≈ 75，拟建场地均有分布。层厚一般 7.8 ～ 18.3m，平均厚度 14.9m，该层 ZK1 号孔未揭露；岩石基本质量等级为Ⅴ级。

⑦ 强风化砂砾岩（K）⑥1：褐红色，厚层状，泥质胶结，原岩结构构造大部分被破坏，取芯多呈泥砂状，少量碎块状，经 ZK1 号孔揭露，厚度为 8.7m。

⑧ 中风化砂砾岩（K）⑥2：褐红色，厚层状，泥质胶结，中，节理裂隙较发育，岩芯多呈短柱状及柱状，节长一般 5 ～ 30cm，最大长度 35cm，RQD ≈ 25。拟建场

地大部分有分部，层厚一般为 5.2 ～ 16.5m，平均厚度为 8.28m；岩石基本质量等级为 V 级。

（3）地下水

场地水文地质条件属简单类型。场地地下水主要类型为赋存与素填土①、粉质黏土②中的上层滞水。稳定水位为 0.6 ～ 11.2m，水量不丰富，对项目影响较小。场地内未见地表水体，地下水水位变化幅度在 1.0m 左右。

场地及周围无地下水污染源。根据勘察报告试验分析结果，场区地下水及土壤对混凝土微侵蚀性、对混凝土中的钢筋微腐蚀性。

2. 监测依据

（1）《中华人民共和国大气污染防治法》（2018 修正）

（2）《大气污染物综合排放标准》GB 16297—1996

（3）《建筑工程绿色施工评价标准》GB/T 50640—2010

（4）《粉尘作业场所危害程度分级》GB/T 5817—2009

（5）《环境空气质量标准》GB 3095—2012

（6）《工作场所有害因素职业接触限值》GBZ 2.1—2007

（7）《建筑工程绿色施工规范》GB/T 50905—2014

（8）《环境空气质量监测点位布设技术规范（试行）》HJ 664—2013

（9）《大气污染物无组织排放监测技术导则》HJ/T 55—2000

（10）《建设工程施工现场环境与卫生标准》JGJ 146—2013

（11）《环境空气质量指数（AQI）技术规定（试行）》HJ 633—2012

（12）《环境空气质量功能区划分原则与技术方法》HJ 14—1996

（13）《建筑施工颗粒物控制标准》DB/T 964—2016

（14）《民用建筑工程室内环境污染控制规范》GB 50325—2010

（15）《室内空气质量标准》GB/T 18883—2002

（16）《室内装饰装修材料 内墙涂料中有害物质限量》GB 18582—2002

（17）《声环境质量标准》GB 3096—2008

（18）《建筑施工场界环境噪声排放标准》GB 12523—2011

（19）《社会生活环境噪声排放标准》GB 22337—2008

（20）《建筑施工场界环境噪声排放标准》GB 12523—2011

（21）《建筑照明设计标准》GB 50034—2013

（22）《室外照明干扰光限制规范》DB 11—731—2010

（23）《城市夜景照明设计规范》JGJ/T 163—2008

（24）国家或行业其他测量规范、强制性标准

（25）九所宾馆修缮工程相关设计图纸

（26）九所宾馆修缮工程现场监测方案

3. 监测目的

近几年来，随着我国经济的发展，基础建设的进行，在城市中有越来越多的建筑工地，同时夜间施工的现象也常常可见。建筑施工噪声能够导致作业工人与周边居民听力下降、注意力不集中、心烦意乱、影响工作效率、妨碍休息和睡眠等问题，进而导致其身体健康受到损害，工作效率下降，增加作业人员在作业过程中发生安全事故的概率。同时，建筑夜间施工所产生的光污染也影响严重，主要是对于周围居住区光污染，体现在影响居民健康方面。

随着我国大多数城市雾霾现象急剧增加，严重制约社会经济可持续发展战略的推行与实施。据中国环境卫生协会调查指出，我国有 2/3 的城市空气颗粒污染指数超过国家界定的二级标准范围，成为城市空气污染的首要污染源。通过对我国多个城市环境空气颗粒进行采样分析发现，建筑施工扬尘是城市颗粒污染物污染的主要来源之一。建筑施工扬尘导致人体各种肺部疾病、造成城市视觉污染、导致酸雨等，同时，建筑施工有害气体也对现场施工人员身体造成较大危害。

本研究以施工全过程中噪声污染、光污染、扬尘及有害气体的产生和传播为研究对象，探究噪声污染、光污染、扬尘及有害气体产生和传播的相关规律，以绿色施工环境保护为目标，为施工现场噪声污染、光污染、扬尘及有害气体的监测与控制提供理论和实践依据。通过对典型施工项目进行实地调研，并在施工全过程中对建筑工程项目内部及周边进行噪声污染、光污染、扬尘及有害气体监测，依托成熟的结构风工程理论和城市风工程理论，再结合计算机模拟技术进行辅助建模，采用数值模拟与实测项目的方法，对噪声污染、光污染、施工扬尘及有害气体的形成机理、影响范围及危害进行研究，总结施工现场噪声污染、光污染、扬尘及有害气体污染防控办法及具体控制指标，为其他施工现场噪声污染、光污染、风环境模拟、扬尘及有害气体的监测和控制提供参考与借鉴。

4. 监测工作进展情况

1）监测仪器情况

（1）噪声污染

九所宾馆修缮工程监测的施工阶段为主体结构施工阶段及 3 号楼的装饰装修阶段，监测方法为手持仪器监测，监测仪器如表 8-1-1 所示。

噪声监测仪器统计表

表 8-1-1

序号	名　称	型　号	数　量	可测指标	厂　家
1	噪声监测仪	AWA6270＋型	5	等效 A 声级	杭州爱华仪器有限公司

（2）扬尘污染

九所宾馆修缮工程监测的施工阶段为主体结构施工阶段及 3 号楼的装饰装修阶段，监测方法为手持仪器监测，监测仪器如表 8-1-2 所示。

扬尘监测仪器统计表   表 8-1-2

序号	名　称	型　号	数量	可测指标	厂　家
1	便携式粉尘浓度测量仪	PC-3A（Ⅰ）	1	PM2.5 和 PM10	青岛路博伟业环保科技有限公司
2	便携式粉尘浓度测量仪	PC-3A（Ⅱ）	1	TSP	青岛路博伟业环保科技有限公司

（3）光污染

九所宾馆修缮工程监测的施工阶段为主体结构施工阶段及 3 号楼的装饰装修阶段，监测方法为手持仪器监测，监测仪器如表 8-1-3 所示。

光污染监测仪器统计表   表 8-1-3

序号	名　称	型　号	数量	可测指标	厂　家
1	MK350S 手持式照度计	MK350S	2	照度	台湾 UPRtek 有限公司

（4）有害气体污染

九所宾馆修缮工程监测的施工阶段为主体结构施工阶段及 3 号楼的装饰装修阶段，监测方法为手持仪器监测，监测仪器如表 8-1-4 所示。

有害气体监测仪器统计表   表 8-1-4

序号	名　称	型号	可测指标	数量	厂　家
1	复合式多气体检测仪	BH-4	CO、CH_4、H_2S、NO_2	1	
2	复合式多气体检测仪	BH-4	NH_3、SO_2、O_3、甲硫醇	1	
3	便携式气体检测仪	BH-90	VOC	1	河南保时安电子科技有限公司
4	便携式气体检测仪	BH-90	甲醛	1	
5	便携式气体检测仪	BH-90	苯	1	
6	手持式气象站	FB-10	气压、风速、温度、湿度、风向	1	青岛聚创环保设备有限公司

2）测点布置情况

（1）噪声污染

根据九所宾馆修缮工程 5 类污染物现场监测方案及相关监测规范，在九所宾馆修缮工程主体施工阶段设置了如图 8-1-2 所示的测点，相关测点说明如表 8-1-5 所示。

（2）扬尘污染

根据九所宾馆修缮工程 5 类污染物现场监测方案及相关监测规范，在九所宾馆修缮工程主体施工阶段设置了如图 8-1-3 所示的测点，相关测点说明如表 8-1-6 所示。

（3）光污染

根据九所宾馆修缮工程 5 类污染物现场监测方案及相关监测规范，在九所宾馆修缮工程主体施工阶段设置了如图 8-1-4 所示的测点，相关测点说明如表 8-1-7 所示。

（4）有害气体污染

根据九所宾馆修缮工程 5 类污染物现场监测方案及相关监测规范，在九所宾馆修缮工程主体施工阶段设置了如图 8-1-5 所示的测点，相关测点说明如表 8-1-8 所示。

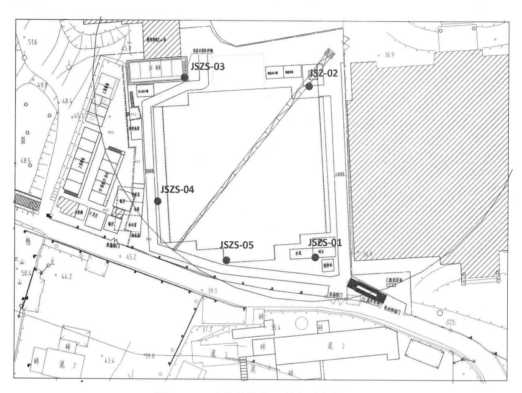

图 8-1-2　主体结构施工噪声测点布置图

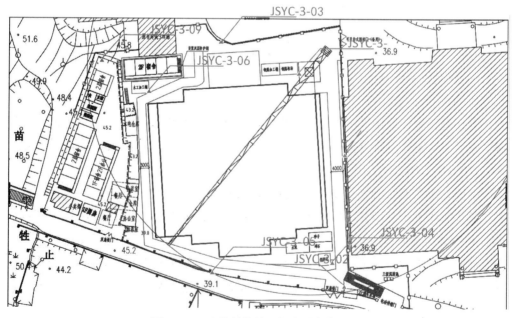

图 8-1-3　主体结构施工扬尘测点布置图

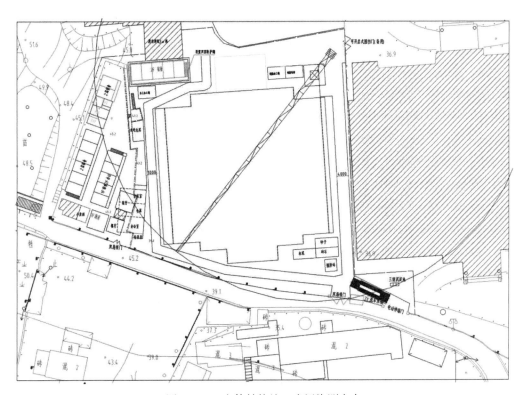

图 8-1-4 主体结构施工光污染测点布

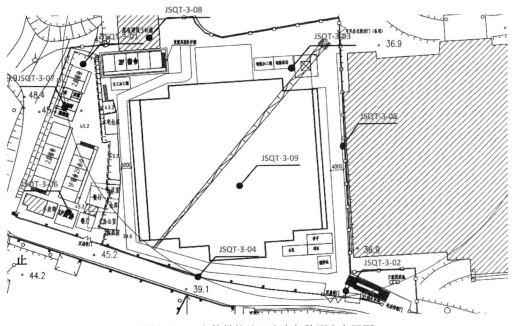

图 8-1-5 主体结构施工有害气体测点布置图

主体结构施工噪声测点布置及要求　　　　　　　　　　　表 8-1-5

施工阶段	测点编号	测 点 说 明	监 测 频 次
主体结构施工阶段	JSZS-01	位于项目东南角门卫室，放置高度1.2m以上	测量选择在无雨、无雪的气候中进行，风速小于5m/s。分为昼间和夜间两部分，昼间一般为9：00～22：00，夜间一般为22：00以后。 从上午9：00至晚上22：00，每天根据施工情况至少选取3个测量时段，随机选取20min测量该段时间内的等效A声级
	JSZS-02	位于项目东北角围挡门附近，靠近围挡，置于围挡上沿高度处	
	JSZS-03	位于项目周围原有建筑3室内东南角房间的窗台上	
	JSZS-04	位于项目会议室门前，可置于窗台	
	JSZS-05	位于围挡外道路边的亭子顶面，从围挡外防置	

主体结构施工扬尘测点布置方案说明表　　　　　　　　　　表 8-1-6

施工阶段	测点编号	测 点 说 明	监 测 频 次
主体结构施工阶段	JSYC-3-01	采用手持设备监测，位于施工场地周界、主导风向上风向处，作为场地背景扬尘浓度监测点	监测活动期间，监测频次为每天3次，时间为每天8：00、13：00、18：00，每次15min
	JSYC-3-02	采用手持设备监测，位于施工场地周界、主导风向下风向处，可对主体结构施工阶段的扬尘污染最不利情况进行评价，其监测值与场地背景（JSYC-3-01）扬尘浓度值之差可以认为是主体结构施工阶段产生的扬尘浓度，作为场地最不利扬尘浓度监测点	监测活动期间，监测频次为每天3次，时间为每天8：00、13：00、18：00，每次15min
	JSYC-3-03	采用手持设备监测，位于主体结构施工区北边界处，可对主体结构施工阶段的扬尘污染情况进行评价，作为主体结构施工区北边界的扬尘浓度监测点	监测活动期间，监测频次为每天3次，时间为每天8：00、13：00、18：00，每次15min
	JSYC-3-04	采用手持设备监测，位于主体结构施工区东边界处，可对主体结构施工阶段的扬尘污染情况进行评价，作为主体结构施工区东边界的扬尘浓度监测点	监测活动期间，监测频次为每天3次，时间为每天8：00、13：00、18：00，每次15min
	JSYC-3-05	采用手持设备监测，位于主体结构施工区南边界处，可对主体结构施工阶段的扬尘污染情况进行评价，作为主体结构施工区南边界的扬尘浓度监测点	监测活动期间，监测频次为每天3次，时间为每天8：00、13：00、18：00，每次15min
	JSYC-3-06	采用手持设备监测，位于木工加工区，可对木工加工区的扬尘污染情况进行评价，作为主体结构施工阶段木工加工区的扬尘浓度监测点	进行作业时才监测，分别在作业开始前、作业进行中和作业完成后监测，每次监测5min，共3次
	JSYC-3-07	采用手持设备监测，位于钢筋加工区，可对钢筋加工区的扬尘污染情况进行评价，作为主体结构施工阶段钢筋加工区的扬尘浓度监测点	进行作业时才监测，分别在作业开始前、作业进行中和作业完成后监测，每次监测5min，共3次
	JSYC-3-08	采用手持设备监测，位于搅拌站处，可对搅拌站的扬尘污染情况进行评价，作为主体结构施工阶段搅拌站的扬尘浓度监测点	进行作业时才监测，分别在作业开始前、作业进行中和作业完成后监测，每次监测5min，共3次

主体结构施工光污染测点布置及要求　　　　　　　　表 8-1-7

施工阶段	测点编号	测 点 说 明	监 测 频 次
主体结构施工阶段	JSG-01	位于项目西边会议室的窗户	测量应在正常气候情况下进行，无极端天气及降雨出现，以防止因极端天气的影响造成检测结果不能得出其正常状况下的污染量。测试时间夏季在 8：30 后，冬季在 7：00 后进行，每天测试次数为 1 次，选取 3 天进行测试
	JSG-02	位于项目西北角 3 号楼建筑的一楼靠近场地的窗户	
	JSG-03	位于项目场地东边宾馆中间，选取一楼的窗户作为测点	
	JSG-04	位于项目东南角门卫处窗户	
	JSG-05	位于项目南边围挡处墙壁	

主体结构施工有害气体测点布置说明　　　　　　　　表 8-1-8

施工阶段	测点编号	测 点 说 明	监 测 频 次
主体结构施工阶段	JSQT-3-01	项目现场主导风向上风向对照点，位于施工场地边界，作为项目主体结构施工阶段的有害气体浓度背景点	施工活动期间，监测频次为每天 3 次，时间为每天 8：00、13：00、18：00，每次 15min
	JSQT-3-02	项目现场主导风向下风向监测点，位于施工场地边界，其值可对主体结构施工阶段有害气体污染情况进行评价	施工活动期间，监测频次为每天 3 次，时间为每天 8：00、13：00、18：00，每次 15min
	JSQT-3-03	项目现场钢筋等物料加工区有害气体污染源监测点，位于项目右上部物料堆场及加工区的下风向区，其值可对主体结构施工阶段中钢筋等物料加工区有害气体污染情况进行评价	施工活动期间，监测频次为每天 3 次，时间为每天 8：00、13：00、18：00，每次 15min，具体时间可以根据实际施工情况进行调整
	JSQT-3-04	项目现场施工道路监测点，位于施工现场南向施工围墙上，其值可对主体结构施工阶段中该段施工道路有害气体污染情况进行评价	施工活动期间，监测频次为每天 3 次，时间为每天 8：00、13：00、18：00，每次 15min
	JSQT-3-05	项目现场施工道路监测点，位于施工现场右侧施工道路上，其值可对主体结构施工阶段中该段施工道路有害气体污染情况进行评价	施工活动期间，监测频次为每天 3 次，时间为每天 8：00、13：00、18：00，每次 15min
	JSQT-3-06	项目生活区厨房监测点，采用固定仪器连续监测，其值可对生活区中厨房油烟污染情况进行评价	自动监测
	JSQT-3-07	项目生活区卫生间监测点，其值可对生活区中卫生间有害气体污染情况进行评价	施工活动期间，监测频次为每天 3 次，时间为每天 8：00、13：00、18：00，每次 15min
	JSQT-3-08	项目西北向原有的 3 号楼装修阶段监测点，其具体布点位置需要根据主体内部平面布置图、装修方案及室内监测布点原则进行布置，其值可对 3 号楼装修阶段中不同位置有害气体污染情况进行评价	施工活动期间，监测频次为每天 3 次，时间为每天 8：00、13：00、18：00，每次 15min，具体时间可以根据实际施工情况进行调整
	JSQT-3-09	项目现场主体施工区内部监测点，其具体布点位置需要根据主体内部平面布置图及室内监测布点原则进行布置，其值可对主体结构中不同位置有害气体污染情况进行评价	施工活动期间，监测频次为每天 3 次，时间为每天 8：00、13：00、18：00，每次 15min，具体时间可以根据实际施工情况进行调整

3）监测点保护与恢复

（1）测点位置通过编号贴纸及警示贴纸，标示测点位置。标号贴纸包括课题名称及测点编号组成，以白底绿字进行标示，贴于监测平台上。警示贴纸包括警示标语，以黄底红字进行标示，贴在监测点下方围挡或墙壁上。

（2）加强现场施工人员对测点保护意识，安排专人巡查记录，一旦发现测点被破坏立即组织人员进行修复，条件容许情况下 24h 内测点恢复。

5. 监测结果及评价

九所宾馆修缮工程中进行了 4 次完整的监测，监测的施工阶段为主体结构施工阶段及旁边 3 号楼的装饰装修阶段，监测方法为手持仪器监测。

1）噪声污染

根据九所宾馆修缮工程 5 类污染物现场监测方案及相关监测规范，九所宾馆修缮工程主体施工测点的监测数据如表 8-1-9 和表 8-1-10 所示。噪声污染监测仪器及施工现场照片如图 8-1-6 所示。

1 号测试点位于场地东南角的围挡上方，围挡东边是正在营业的宾馆，属于 1 类声环境功能区，白天建筑施工场界噪声限值 65dB（A），夜晚建筑施工场界噪声限值55dB（A）。白天测得 1 号测试点等效 A 声级数据分别为 71.5dB（A）、72dB（A）、69.8dB（A）、70.2dB（A）、60.7dB（A），最大值为 72dB（A），利用中午休息时停工的时间测得背景噪声的等效 A 声级为 54.3dB（A），选取最大值 72dB（A）大于白天建筑施工场界噪声限值 65dB（A），故超标。

图 8-1-6 噪声污染监测仪器及施工现场

评价结果

项目名称						九所宾馆修缮工程				
施工阶段						主体结构施工阶段及地下室的土方回填阶段				
日期：5月13日 白天		时间段	L_{Aeq}	L_{Amax}	背景噪声 dB（A）	修正后测试值 dB（A）	所处声 功能区	标准 要求 dB(A)	达标 与否	备注
JSZS-3-01	昼间	10：00 ～ 10：20	71.5	白天不需要测	54.3	不需要修正	1类声功能区	65	否	
		10：20 ～ 10：40	72			不需要修正			否	
		10：40 ～ 11：00	69.8			不需要修正			否	
		11：00 ～ 11：20	70.2			不需要修正			否	
		11：20 ～ 11：40	60.7			59.7			达标	
	夜间									
JSZS-3-02	昼间	10：00 ～ 10：20	70.1	白天不需要测	53.1	不需要修正	1类声功能区	65	否	
		10：20 ～ 10：40	73.4			不需要修正			否	
		10：40 ～ 11：00	68			不需要修正			否	
		11：00 ～ 11：20	67.6			不需要修正			否	
		11：20 ～ 11：40	64.3			不需要修正			达标	
	夜间									
JSZS-3-03	昼间	10：00 ～ 10：20	72.2	白天不需要测	64.5	71.2	1类声功能区	65	否	
		10：20 ～ 10：40	70.3			68.3			否	
		10：40 ～ 11：00	71.7			70.7			否	
		11：00 ～ 11：20	67.5			64.5			达标	
		11：20 ～ 11：40	64.9			应降低环境噪声			达标	
	夜间									
JSZS-3-04	昼间	10：00 ～ 10：20	65.4	白天不需要测	56.7	64.4	1类声功能区	65	达标	
		10：20 ～ 10：40	62.2			60.2			达标	
		10：40 ～ 11：00	69.5			不需要修正			否	
		11：00 ～ 11：20	65.6			64.6			否	
		11：20 ～ 11：40	66.9			不需要修正			否	
	夜间									
JSZS-3-05	昼间	10：00 ～ 10：20	72.6	白天不需要测	51.8	不需要修正	2类声功能区	75	达标	
		10：20 ～ 10：40	72.7			不需要修正			达标	
		10：40 ～ 11：00	71.1			不需要修正			达标	
		11：00 ～ 11：20	62.9			不需要修正			达标	
		11：20 ～ 11：40	60			59			达标	
	夜间									

九所宾馆修缮工程噪声污染夜间监测结果　　表 8-1-10

评价结果									
项目名称				九所宾馆修缮工程					
施工阶段				主体结构施工阶段					
日期：5月14日夜晚	时间段	L_{Aeq}	L_{Amax}	背景噪声 dB（A）	修正后测试值 dB（A）	所处声功能区	标准要求 dB（A）	达标与否	备注
JSZS-3-01	昼间								
	夜间 21：00～21：20	57	82.2	40	不需要修正	1类声功能区	55	否	
	21：20～21：40	55.2	75.6		不需要修正			否	
	21：40～22：00	55.4	73.3		不需要修正			否	
JSZS-3-02	昼间								
	夜间 21：00～21：20	62.4	89.8	40	不需要修正	1类声功能区	55	否	
	21：20～21：40	62.3	93.5		不需要修正			否	
	21：40～22：00	52.9	72.9		不需要修正			否	
JSZS-3-03	昼间								
	夜间 21：00～21：20	58	88.6	40	不需要修正	1类声功能区	55	否	
	21：20～21：40	51.3	72.0		不需要修正			否	
	21：40～22：00	53.1	75.0		不需要修正			否	
JSZS-3-04	昼间								
	夜间 21：00～21：20	56.7	81.0	40	不需要修正	1类声功能区	55	否	
	21：20～21：40	55	79.9		不需要修正			否	
	21：40～22：00	55.6	75.8		不需要修正			否	
JSZS-3-05	昼间								
	夜间 21：00～21：20	56.7	77.0	40	不需要修正	3类声功能区	65	达标	
	21：20～21：40	59.1	82.1		不需要修正			否	
	21：40～22：00	54.4	76.1		不需要修正			达标	

夜晚测得 1 号测试点等效 A 声级数据分别为 57dB（A）、55.2dB（A）、54.4dB（A），最大值为 57dB（A），停工后测得背景噪声的等效 A 声级为 40dB（A），选取最大值 57dB（A）大于夜晚建筑施工场界噪声限值 55dB（A），故超标。

2 号测试点位于东北角保安亭，保安亭后面是宾馆，属于 1 类声环境功能区，白天建筑施工场界噪声限值 65dB（A），夜晚建筑施工场界噪声限值 55dB（A）。白天测得 2 号测试点等效 A 声级数据分别为 70.1dB（A）、73.4dB（A）、68dB（A）、67.6dB（A）、64.3dB（A），最大值为 73.4dB（A），利用中午休息时停工的时间测得背景噪声的等效 A 声级为 53.1dB（A），选取最大值 73.4dB（A）大于白天建筑施工场界噪声限值 65dB（A），故超标；夜晚测得 2 号测试点等效 A 声级数据分别为 62.4dB（A）、62.3dB（A）、52.9dB（A），最大值为 62.4dB（A），停工后的测得背景噪声的等效 A 声级为 40dB（A），选取最大值 62.4dB（A）大于夜晚建筑施工场界噪声限值 55dB（A），故超标。

3 号测试点位于西北角拐角处，拐角处是正在室内装修的 3 号建筑施工地，属于 1 类声环境功能区，白天建筑施工场界噪声限值 65dB（A），夜晚建筑施工场界噪声限值 55dB(A)。白天测得 3 号测试点等效 A 声级数据分别为 72.2dB(A)、70.3dB(A)、71.7dB（A）、67.5dB（A）、64.9dB（A），最大值为 72.2dB（A），利用中午休息时停工的时间测得背景噪声的等效 A 声级为 64.5dB（A），选取最大值 72.2dB（A）大于白天建筑施工场界噪声限值 65dB（A），故超标；夜晚测得 3 号测试点等效 A 声级数据分别为 58dB（A）、51.3dB（A）、53.1dB（A），最大值为 58dB（A），停工后的测得背景噪声的等效 A 声级为 40dB（A），选取最大值为 58dB（A）大于夜晚建筑施工场界噪声限值 55dB（A），故超标。

4 号测试点位于西边会议室上方，会议室属于 1 类声环境功能区，白天建筑施工场界噪声限值 65dB（A），夜晚建筑施工场界噪声限值 55dB（A）。测得 4 号测试点等效 A 声级数据分别为 65.4dB（A）、62.2dB（A）、69.5dB（A）、65.6dB（A）、66.9dB（A），最大值为 69.5dB（A），利用中午休息时停工的时间测得背景噪声的等效 A 声级为 56.7dB（A），选取最大值 69.5dB（A）大于白天建筑施工场界噪声限值 65dB（A），故超标；夜晚测得 4 号测试点等效 A 声级数据分别为 56.7dB（A）、55dB（A）、55.6dB（A），最大值为 56.7dB（A），停工后的测得背景噪声的等效 A 声级为 40dB（A），选取最大值为 56.7dB（A）大于夜晚建筑施工场界噪声限值 55dB（A），故超标。

5 号测试点位于场地南边围挡下方，围挡外是车行较少的道路，属于 3 类声环境功能区，白天建筑施工场界噪声限值 75dB（A），夜晚建筑施工场界噪声限值 55dB（A）。测得 5 号测试点等效 A 声级数据分别为 72.6dB（A）、72.7dB（A）、71.1dB（A）、62.9dB（A）、60dB（A），最大值为 72.7dB（A），利用中午休息时停工的时间测得背景噪声的等效 A 声级为 51.8dB（A），选取最大值 72.7dB（A）低于白天建筑施工场界噪声限值 75dB（A），故未超标；夜晚测得 5 号测试点等效 A 声级数据分别为 56.7dB（A）、59.1dB（A）、54.4dB（A），最大值为 59.1dB（A），停工后的测得背景噪声的等效 A 声级为 40dB（A），选取最大值为 59.1dB（A）低于夜晚建筑施工场界噪声限值 55dB（A），故未超标。

从分析来看，九所宾馆修缮工程当时属于主体结构施工阶段，白天施工现场噪声源主要为混凝土搅拌机、振动棒、电锯、切割机、起重机、升降机及各种发电机、运输车辆等，晚上施工现场噪声源主要为起重机、升降机及各种发电机、运输车辆等。

测试仪器的选择合理，测试点包含施工现场各个边，与施工现场附近重要建筑较近，布置较为合理、便捷。从总体分析来看，白天，场地 4 个监测点数据（1 号监测点、2 号监测点、3 号监测点、4 号监测点）超过施工场界噪声限值，总体来说超标；晚上，场地 4 个监测点数据（1 号监测点、2 号监测点、3 号监测点、4 号监测点）超过施工场界噪声限值，总体来说超标。

根据结果显示，超标的几个监测点离几个重要建筑物较近，这几个建筑物的声环境功能区对噪声的敏感度比较高，故而容易超标，相反 5 号监测点靠近路边，此声环境功能区对于噪声的影响相对较小，因此不容易超标。

针对夜间最大声级评价这一标准，夜间施工过程记录噪声最大瞬时声级，其值超过限值的幅度不得高于 15dB（A），因此几个时间段的测点也超标。

施工现场布置及现场施工的时候，可以考虑提前分析周围建筑及状况：把大型噪声源相对远离 0 类或者 1 类声环境功能区，尽量集中布置在 2 类或者 3 类的声环境功能区内，减小对声音敏感场所的影响。并且制定合理的施工计划，大型噪声源避免晚上开工或者减少开工时间，夜间 10 点前尽早停工。

2）扬尘污染

九所宾馆修缮工程主体施工测点的扬尘污染监测仪器及施工现场照片如图 8-1-7 所示。

（1）2018 年 5 月 8 日监测结果

九所宾馆修缮工程当天正在进行的是主体结构施工及地下室的土方回填，旁边的 3 号楼进行的施工是装饰装修施工。主体结构施工主要进行的是脚手架安装、钢柱吊装及钢结构的焊接，现场东侧和南侧道路各有一台挖掘机进行填挖方作业，东侧道路挖出的土方将用于南侧地下室的填方，场地间有三辆土方运输车辆进行土方运输工作，作业期间肉眼可见扬尘较多。现场东大门处有一台塔式起重机进行的是钢柱吊装工作。监测期间位于场地东侧的钢筋加工区并未进行大面积钢筋及其他物料的加工活动，仅在主体结构内部施工区存在木模板切割加工及钢结构焊接等施工活动，其中木模板切割加工产生的木屑及钢结构焊接产生的烟尘较大，但并未见施工人员有相应防护措施，主体结构内部施工区东侧有施工人员正在进行砌体结构施工。3 号楼内部装饰装修主要进行的是墙纸铺贴、木材切割及部分墙面修补工作。

图 8-1-7 扬尘污染监测仪器及施工现场

　　现场脚手架施工人员有 13 人，木模板加工人员有 3 人，钢结构焊接施工人员有 2 人，土方填挖作业人员有 8 人，砌体结构施工人员有 4 人，3 号楼内装饰装修施工人员有 10 人，现场其他工作人员约 30 人。

　　根据现场实测的扬尘浓度值，整个主体施工区和 3 号楼的装饰装修阶段测到的 TSP、PM10 和 PM2.5 浓度值均大于对照点，对照点的 TSP 浓度值为 19μg/cm³，PM10 浓度值为 18μg/cm³，PM2.5 浓度值为 13μg/cm³。位于场地夏季主导风向下风向的 2 号测点为主体施工区所测得的最大浓度值，TSP 浓度值为 52μg/cm³，PM10 浓度值为 44μg/cm³，PM2.5 浓度值为 30μg/cm³，而位于上风向、离污染源最近的 5 号点目测扬尘高度最高，为 2m，但是该测点的 TSP、PM10 和 PM2.5 的实测值均不是最大值。而 3 号楼的装饰装修阶段测到的 TSP 浓度值为 87μg/cm³，PM10 浓度值为 73μg/cm³，PM2.5 浓度值为 49μg/cm³，室内装修作业人员较少，但由于是密闭空间，其养成浓度为本次实测最大值，但未超过限值，满足空气质量要求。

　　（2）2018 年 5 月 11 日监测结果

九所宾馆修缮工程现在正在进行的是主体结构施工阶段，主体结构南侧存在部分地下室的土方回填作业。

主体结构施工主要进行的是脚手架安装、砌体结构施工，主体结构南侧存在部分地下室的土方回填作业。现场东大门处有一台塔式起重机，今天进行的是脚手架施工所用材料的吊装工作。南侧道路的混凝土临时搅拌站全天都在进行混凝土搅拌工作。监测期间位于场地东侧的钢筋加工区并未进行大面积钢筋及其他物料的加工活动，主体结构内部施工区东侧及西侧有施工人员正在进行砌体结构施工。

现场脚手架施工人员有 10 人，土方填挖作业人员有 3 人，砌体结构施工人员有 20 人，混凝土搅拌站施工人员有 2 人，吊装作业人员有 4 人，现场其他工作人员约 10 人。

根据现场实测的扬尘浓度值，整个主体施工区测到的 TSP、PM10 和 PM2.5 浓度值在 3 个测量时段均不同。

第一时段（11：04 ～ 13：30，多云，温度 28.6℃，湿度 71.2%，气压 1006hPa，风速 1.2m/s）：对照点 TSP 浓度值为 63μg/cm³、PM10 浓度值为 38μg/cm³、PM2.5 浓度值为 27μg/cm³，各测点浓度值均大于对照点。位于场地夏季主导风向下风向的 2 号测点为主体施工所测得的最大浓度值，TSP 浓度值为 79.4μg/cm³、PM10 浓度值为 49.7μg/cm³、PM2.5 浓度值为 34.3μg/cm³，但未超过限值，满足空气质量要求。

第二时段（14：48 ～ 16：57，多云，温度 31.7℃，湿度 64.4%，气压 1003.3hPa，风速 0.5m/s）：对照点浓度值同第一时段，各测点浓度值均低于对照点浓度值，满足空气质量要求。

第三时段（18：02 ～ 19：34，多云转雨，温度 28.8℃，湿度 73.3%，气压 1002.3hPa，风速 0.3m/s）：对照点浓度偏高，分为 TSP 114μg/cm³、PM10 57μg/cm³、PM2.5 43μg/cm³，现场几乎无风速测点的各浓度值均大于对照点并超过限值，不满足空气质量要求。

3）光污染

测量选取在正常气候情况下进行，时间选取在 10：00 之后，对每一个测点，用垂直照度计点进行测量，测量次数为 3 次。在测量过程中，应将居室内灯光关闭，记录数据，求平均值即可。监测数据如表 8-1-11 所示，九所宾馆修缮工程主体施工测点的光污染监测仪器及施工现场照片如图 8-1-8 所示。

九所宾馆修缮工程光污染监测结果　　　　　表 8-1-11

测点	位置	时间	熄灯前照度（lx）	平均值（lx）	熄灯后照度（lx）	平均值（lx）	备注
JSG-01	西边会议室的窗户	10：00	3.9	3.9			
			4.0				
			3.8				

续表

测点	位置	时间	熄灯前照度（lx）	平均值（lx）	熄灯后照度（lx）	平均值（lx）	备注
JSG-02	西北角3号楼建筑的一楼窗户	10：10	4.9 4.7 5.2	4.9			
JSG-03	东边宾馆中间一楼的窗户	10：20	4.1 4.0 4.5	4.2			
JSG-04	东南角门卫处窗户	10：30	4.1 4.3 3.9	4.1			
JSG-05	南边围挡处墙壁	10：40	4.6	4.8			

（a）　　　　　　　　　　（b）

图 8-1-8　光污染监测仪器及施工现场

1号测点位于项目西边会议室的窗户上，会议室所对应的是居住区、医院等，属于低亮度区域的环境亮度类型，代号为 E2，对应熄灯时段前的 E2，限值为 5lx，测得 1 号测试点垂直照度为 3.9lx、4.0lx 和 3.8lx，求得平均照度值为 3.9lx，低于限值 5lx，因此此处没有受到光污染。

2号测点位于项目西北角 3 号楼建筑的一楼窗户，3 号楼是宾馆，宾馆属于低亮度区域的环境亮度类型，代号为 E2，对应熄灯时段前的 E2，限值为 5lx，测点 2 号测试点垂直照度为 4.9lx、4.7lx 和 5.2lx，求得平均照度值为 4.9lx，低于限值 5lx，因此此处没有受到光污染。

3号测点位于东边宾馆中间一楼的窗户，宾馆属于低亮度区域的环境亮度类型，代号为 E2，对应熄灯时段前的 E2，限值为 5lx，测点 3 号测试点垂直照度为 4.1lx、4.0lx 和 4.5lx，求得平均照度值为 4.2lx，低于限值 5lx，因此此处没有受到光污染。

4号测点位于东南角门卫处窗户，门卫区域属于中等亮度区域的环境亮度类型，代号为 E3，对应熄灯时段前的 E3，限值为 10lx，测点 4 号测试点垂直照度为 4.1lx、4.3lx 和 3.9lx，求得平均照度值为 4.1lx，低于限值 10lx，因此此处没有受到光污染。

5 号测点位于南边围挡处墙壁，墙壁外的道路属于中等亮度区域的环境亮度类型，代号为 E3，对应熄灯时段前的 E3，限值为 10lx，测点 5 号测试点垂直照度为 4.6lx、4.8lx 和 5lx，求得平均照度值为 4.8lx，低于限值 10lx，因此此处没有受到光污染。

综上可知，九所宾馆修缮工程中的装修阶段中，5 组测试数据都低于限值，基本不存在光污染超标现象。

4）有害气体污染

九所宾馆修缮工程主体施工测点的有害气体污染监测仪器及施工现场照片如图 8-1-9 所示。

（a）　　　　　　　　　　　　　　（b）

（c）　　　　　　　　　　　　　　（d）

图 8-1-9　有害气体污染监测仪器及施工现场

（1）2018 年 5 月 8 日监测结果

九所宾馆修缮工程当天进行的是主体结构施工及地下室土方回填，旁边的 3 号楼进行的施工是装饰装修施工。主体结构施工主要进行的是脚手架安装、钢柱吊装及钢结构的焊接，现场东侧和南侧道路各有一台挖掘机进行填挖方作业，东侧道路挖出的土方将用于南侧地下室的填方，场间有 3 辆土方运输车辆进行土方运输工作。现场东大门处有一台塔式起重机进行的是钢柱吊装工作。监测期间位于场地东侧的钢筋加工区并未进行大面积钢筋及其他物料的加工活动，仅在主体结构内部施工区存在木模板切割加工及钢结构焊接等施工活动，主体结构内部施工区东侧有施工人员正在进行砌体结构施工。3号楼内部装饰装修主要进行的是墙纸铺贴、木材切割及部分墙面修补工作。

根据现场实测的有害气体类型及浓度，整个主体施工场区和3号楼的装饰装修阶段测到的有害气体主要为一氧化碳（CO）和二氧化硫（SO_2）。由于当天监测时，手持气象站未到货，因此气象监测数据本次没有。

从总体测出的数据来看，有害气体的浓度数据均较低，其中一氧化碳（CO）最高浓度为2ppm（即3.44mg/cm^3），出现在4号测点（南侧围墙）、5号测点（南出入大门）及3号楼内的测点；二氧化硫（SO_2）最高浓度为0.3ppm（即0.79mg/cm^3），出现在4号测点（南侧围墙）。在场区西北角对照点测到的一氧化碳（CO）浓度为0ppm（即0mg/cm^3），二氧化硫（SO_2）浓度为0.1ppm（即0.26mg/cm^3），由于该测点受场区内施工环境的影响较小，因此可以作为整个施工场区的背景浓度数值。可见本项目内部有害气体浓度并不高，符合要求。

主体施工时钢筋加工区因在测量时间段并未进行长时间的加工作业，未采集足够数据，后期如有可以进行加测。因3号楼内进行的装饰装修活动较少，监测数据需要在后期进行完善。

根据现场监测数据及监测人员实际感官情况来看，九所宾馆修缮工程现阶段所存在的有害气体来源主要是钢结构焊接活动、现场偶尔出现的土石方运输车辆及部分暴露在阳光下的地下室防水材料，但其所产生的有害气体对于场区周边的影响较小，而对于实际在施工中的工作人员来说影响稍大，尤其是钢结构焊接及在暴露于阳光下的地下室防水材料周边施工的工作人员，因此可以加强对这一块的防控。

（2）2018年5月11日监测结果

九所宾馆修缮工程当天进行的是主体结构施工阶段，主体结构南侧存在部分地下室的土方回填作业。主体结构施工主要进行的是脚手架安装、砌体结构施工，主体结构南侧存在部分地下室的土方回填作业。现场东大门处塔式起重机进行的是脚手架施工所用材料的吊装工作。南侧道路的混凝土临时搅拌站进行混凝土搅拌工作。监测期间位于场地东侧的钢筋加工区并未进行大面积长时间的钢筋及其他物料的加工活动，主体结构内部施工区东侧及西侧有施工人员正在进行砌体结构施工。

根据现场实测的有害气体类型浓度，整个主体施工场区和测到的有害气体主要为一氧化碳（CO）和二氧化硫（SO_2），测出的数据均偏低，部分测点测出过硫化氢（H_2S）、甲醛（CH_2O）和甲硫醇（CH_4S）。

根据最后的监测结果来看，一氧化碳（CO）最高浓度为3.7ppm（即4.24mg/cm^3），二氧化硫（SO_2）最高浓度为0.46ppm（即1.20mg/cm^3），硫化氢（H_2S）最高浓度为1ppm（即1.39mg/cm^3），这3个指标最大值均出现在4号测点（南侧围墙），12：40～13：00

这一测试时段中，该时段温度均值为 33.60℃，湿度均值为 58.3%，气压均值为 1004.63hpa，风速均值为 0.95m/s，风向为南风。

甲醛（CH_2O）最高浓度为 4.17ppm（即 5.12mg/cm³），甲硫醇（CH_4S）最高浓度为 0.1ppm（即 0.20mg/cm³），这两个指标最大值均出现在 3 号测点（会议室楼顶），出现的时间为 12：24 ～ 12：39 这一测试时段中，该时段温度均值为 35.17℃，湿度均值为 60.80%，气压均值为 1005.13hPa，风速均值为 1.03m/s，风向为东南风。其中硫化氢（H_2S）、甲醛（CH_2O）和甲硫醇（CH_4S）的出现可能是由于 4 号测点离暴露在空气中的地下室防水结构较近，由于高温的原因，存在有毒有害气体逸出，且有较为刺鼻的味道，还有一个原因就是本身监测这几个指标的仪器在高温下也会逸出部分有害气体，因此对监测数据也会有点影响。其他常规指标，即一氧化碳（CO）和二氧化硫（SO_2）的浓度都不是过高。

在场区西北角对照点测到的一氧化碳（CO）最高浓度为 2.0ppm 即 2.29mg/cm³，二氧化硫（SO_2）浓度为 0.2ppm（即 0.52mg/cm³），其他有害气体指标均为 0，出现的时间为 13：25 ～ 13：30 这一测试时段中，该时段温度均值为 32.40℃，湿度均值为 59.00%，气压均值为 1004.10hPa，风速均值为 0.60m/s，风向为东风。可见本项目内部有害气体浓度并不高，符合要求。

主体施工阶段钢筋加工区因在测量时间段并未进行长时间的加工作业，因 3 号楼内进行的装饰装修活动较少，未采集足够数据，后期如有施工活动可以进行加测。

根据现场监测数据及监测人员实际感官情况来看，九所宾馆修缮工程现阶段所存在的有害气体来源主要是钢结构焊接活动及部分暴露在阳光下的地下室防水材料，但其所产生的有害气体对于场区周边的影响较小，而对于实际在施工中的工作人员来说影响稍大，因此可以加强对这一块的防控。

第二节　中心医院门诊楼建设项目

1. 项目概况

1）工程概况

该工程为长沙市中心医院新建医疗综合楼项目，新址建设用地位于长沙市雨花区韶山南路 161 号，新建医疗综合楼位于院区西南角，北侧为红线外已有住宅楼，工程地理位置图见图 8-2-1。

本工程地下三层，地上二十二层（不包括设备层），建筑物总高 91.8m，层高为 3.9 ～ 4.8m 不等，其中标准层层高为 3.9m，为三级甲等医院，结构设计使用年限 50 年，结构形式为钢筋混凝土框架剪力墙结构，抗震设防烈度为 7 度。防火设计建筑分类为一类高层建筑，耐火等级地上一级，地下一级。地下室防水等级一级，屋面防水等级为Ⅰ级。

图 8-2-1 工程地理位置示意图

2）环境概况

（1）气象条件

长沙属亚热带季风气候，气候特征是：气候温和，降水充沛，雨热同期，四季分明。长沙市区年平均气温 17.2℃，各县 16.8～17.3℃，年积温为 5457℃，市区年均降水量 1361.6mm，各县年均降水量 1358.6～1552.5mm。长沙夏冬季长，春秋季短，夏季约 118～127 天，冬季 117～122 天，春季 61～64 天，秋季 59～69 天。春温变化大，夏初雨水多，伏秋高温久，冬季严寒少。3 月下旬至 5 月中旬，冷暖空气相互交替，形成连绵阴雨低温天气。从 5 月下旬起，气温显著提高，夏季日平均气温在 30℃以上有 85 天，气温高于 35℃的炎热日，年平均约 30 天，盛夏酷热少雨。9 月下旬后，白天较暖，入夜转凉，降水量减少，低云量日多。从 11 月下旬至第二年 3 月中旬，长沙气候平均气温低于 0℃的严寒期很短暂，全年以 1 月最冷，月平均为 4.4～5.1℃，越冬作物可以安全越冬，缓慢生长。长沙常年主导风向为西北风，夏季主导风向为东南风。

（2）周边环境

本工程位于长沙市雨花区韶山南路 161 号，施工现场场地非常紧张，可以利用的空地很少，施工场地紧邻医院医技楼和市政道路，安全文明施工要求非常高。

2. 监测依据

（1）《建筑工程绿色施工评价标准》GB/T 50640—2010

（2）《工作场所有害因素职业接触限值》GBZ 2.1—2007

（3）《建筑工程绿色施工规范》GB/T 50905—2014

（4）《建设工程施工现场环境与卫生标准》JGJ 146—2013

（5）《声环境质量标准》GB 3096—2008

（6）《建筑施工场界环境噪声排放标准》GB 12523—2011

（7）《社会生活环境噪声排放标准》GB 22337—2008

（8）《建筑施工场界环境噪声排放标准》GB 12523—2011

（9）《建筑照明设计标准》GB 50034—2013

（10）《室外照明干扰光限制规范》DB 11—731—2010

（11）《城市夜景照明设计规范》JGJ/T 163—2008

（12）国家或行业其他测量规范、强制性标准

（13）中心医院门诊楼建设工程相关设计图纸

（14）中心医院门诊楼建设工程现场监测方案

3. 监测目的

本研究以施工全过程中噪声污染及光污染的产生和传播为研究对象，探究噪声污染及光污染产生和传播的相关规律，以绿色施工环境保护为目标，为施工现场噪声污染及光污染的监测与控制提供理论和实践依据。通过对典型施工项目进行实地调研，并在施工全过程中对建筑施工工地进行噪声污染及光污染监测，采用数值实测的方法，对噪声污染及光污染的形成机理、影响范围及危害进行研究，总结施工现场噪声污染及光污染防控办法及具体控制指标，为其他施工现场噪声污染及光污染的监测和控制提供参考与借鉴。

4. 监测工作进展情况

1）监测仪器情况

① 噪声污染

中心医院门诊楼建设工程监测的施工阶段为主体结构施工阶段及3号楼的装饰装修阶段，监测方法为手持仪器监测，监测仪器如表8-2-1所示。

噪声监测仪器统计表 表 8-2-1

序　号	名　称	型　号	数　量	可测指标	厂　家
1	噪声分析仪	AWA6270＋型	5	等效 A 声级	杭州爱华仪器有限公司

② 光污染

中心医院门诊楼建设工程监测的施工阶段为主体结构施工阶段及3号楼的装饰装修阶段，监测方法为手持仪器监测，监测仪器如表8-2-2所示。

光污染监测仪器统计表 表 8-2-2

序　号	名　称	型　号	数　量	可测指标	厂　家
1	MK350S 手持式照度计	MK350S	2	照度	UPRtek 有限公司

2）测点布置情况

① 噪声污染

根据中心医院门诊楼建设工程5类污染物现场监测方案及相关监测规范，在中心

医院门诊楼建设工程地下结构施工时设置了如图8-2-2所示的测点，相关测点说明如表8-2-3所示。

② 光污染

根据中心医院门诊楼建设工程5类污染物现场监测方案及相关监测规范，在中心医院门诊楼建设工程地下结构施工时设置了如图8-2-3所示的测点，相关测点说明如表8-2-4所示。

噪声测点布置及要求　　　　　　　　　　　　　　表8-2-3

声环境功能区	测　　点	位　置　描　述	仪器摆放架及要求	备注
1类	YY-ZS-3-01	讲解台附近围挡处	置于围挡上沿高度处	—
1类	YY-ZS-3-02	高压配电室附近花坛围挡处	置于围挡上沿高度处	—
1类	YY-ZS-3-03	架管架料堆码附近围挡处	置于围挡上沿高度处	—
1类	YY-ZS-3-04	原有建筑转角窗台处	窗台窗沿处	—
1类	YY-ZS-3-05	现场施工用电配电间与配电值班室之间的附近围挡处	置于围挡上沿高度处	—

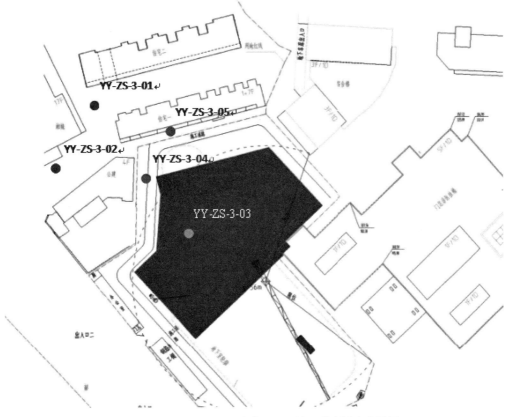

图8-2-2　中心医院门诊楼建设工程施工噪声测点布置图

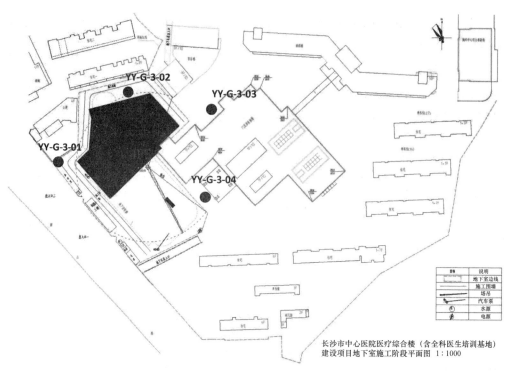

长沙市中心医院医疗综合楼（含全科医生培训基地）
建设项目地下室施工阶段平面图 1:1000

图 8-2-3　中心医院门诊楼建设工程施工光污染测点布置图

光测点布置及要求　　　　　　　　　　　　　　　表 8-2-4

环境亮度分区	测　　点	位 置 描 述	备　　注
E2	YY-G-3-01	公寓楼二楼窗户处	—
E2	YY-G-3-02	居民楼二层受影响最大窗户	根据影响程度可增加选取窗户数量
E2	YY-G-3-03		
E2	YY-G-3-04	门诊楼二楼窗户	—

3）监测点保护与恢复

① 测点位置通过编号贴纸及警示贴纸，标示测点位置。标号贴纸包括课题名称及测点编号组成，以白底绿字进行标示，贴于监测平台上。警示贴纸包括警示标语，以黄底红字进行标示，贴在监测点下方围挡或墙壁上。

② 加强现场施工工人对测点保护意识，安排专人巡查记录，如一旦发现测点被破坏立即组织人员进行修复，条件容许情况下 24h 内测点恢复。

5. 监测结果及评价

中心医院门诊楼建设工程进行了两次完整的监测，监测的施工阶段为地下结构施工阶段，监测方法为手持仪器监测。

1）噪声污染

根据中心医院门诊楼建设工程 5 类污染物现场监测方案及相关监测规范，在中心医院门诊楼建设工程地下结构施工测点的监测数据如表 8-2-5 和表 8-2-6。噪声污染监测仪器及施工现场照片如图 8-2-4 所示。

中心医院门诊楼建设工程噪声污染昼间监测结果　　　　表 8-2-5

评价结果								
项目名称				中心医院门诊楼建设项目				
施工阶段				地下结构施工阶段				
日期：5 月 11 日白天		时间段	L_{Aeq}	L_{Amax}	背景噪声 dB（A）	修正后测试值 dB（A）	所处声 功能区	标准 要求 dB（A）	达标与 否
YY-ZS-3-01	昼间	11：40～12：00	82.1		白天不测	不需要修正	1 类声 功能区	65	否
		13：00～13：20	63.1			62.1			达标
		13：20～13：40	63.1			62.1			达标
		13：40～14：00	64.9			63.9			达标
		14：00～14：20	64.3		57.6	63.3			达标
		14：20～14：40	64.4			63.4			达标
		14：40～15：00	65.2			64.2			达标
		15：00～15：20	63.9			62.9			达标
		15：20～15：40	64.9			63.9			达标
	夜间								
YY-ZS-3-02	昼间	11：40～12：00	57		白天不测	需要降低 环境噪声	1 类声 功能区	65	达标
		13：00～13：20	66.4			65.4			否
		13：20～13：40	68.7			67.7			否
		13：40～14：00	68.6			67.6			否
		14：00～14：20	68.3		60	67.3			否
		14：20～14：40	68.4			67.4			否
		14：40～15：00	69.3			68.3			否
		15：00～15：20	69			68			否
		15：20～15：40	69			68			否
	夜间								

续表

评价结果								
项目名称		中心医院门诊楼建设项目						
施工阶段		地下结构施工阶段						
日期：5月11日白天	时间段	L_{Aeq}	L_{Amax}	背景噪声 dB（A）	修正后测试值 dB（A）	所处声 功能区	标准 要求 dB（A）	达标与 否
YY-ZS-3-03	昼间			未测		1类声 功能区	65	
	夜间							
YY-ZS-3-04	昼间							
	11：40～12：00	57.3			需要降低 环境噪声			达标
	13：00～13：20	83.6			不需要修正			否
	13：20～13：40	68.8			67.8			否
	13：40～14：00	68.5		白天不测	67.5			否
	14：00～14：20	69.8		62.5	68.8	1类声 功能区	65	否
	14：20～14：40	75.5			不需要修正			否
	14：40～15：00	74.2			不需要修正			否
	15：00～15：20	68.6			67.6			否
	15：20～15：40	76.6			不需要修正			否
	夜间							
YY-ZS-3-05	昼间							
	11：40～12：00	55.8			不需要修正			达标
	13：00～13：20	65.2			64.2			达标
	13：20～13：40	64.4			63.4			达标
	13：40～14：00	66.3		白天不测	65.3			否
	14：00～14：20	66.2		58.1	65.2	1类声 功能区	65	否
	14：20～14：40	65.8			64.8			达标
	14：40～15：00	·67			66			否
	15：00～15：20	65.8			64.8			达标
	15：20～15：40	69.3			不需要修正			达标
	夜间							

中心医院门诊楼建设工程噪声污染夜间监测结果　　表 8-2-6

评价结果								
项目名称			中心医院门诊楼建设项目					
施工阶段			地下结构施工阶段					
日期：5 月 12 日夜晚		时间段	L_{Aeq}	L_{Amax}	背景噪声 dB（A）	修正后测试值 dB（A）	所处声 功能区	标准 要求 dB（A）	达标 与否
YY-ZS-3-01	昼间								
	夜间	21：20 ～ 21：40	62.7	74.5	40	不需要修正	1 类声 功能区	55	否
		21：40 ～ 22：00	68.3	80.8		不需要修正			否
		22：00 ～ 22：20	65.3	79.5		不需要修正			否
		22：20 ～ 22：40	63.9	78.9		不需要修正			否
		22：40 ～ 23：00	64.6	80		不需要修正			否
		23：00 ～ 23：20	62.5	80		不需要修正			否
		23：20 ～ 23：40	63.6	80.2		不需要修正			否
		23：40 ～ 24：00	63.5	79.8		不需要修正			否
YY-ZS-3-02	昼间								
	夜间	21：20 ～ 21：40	66.9	86.5	40	不需要修正	1 类声 功能区	55	否
		21：40 ～ 22：00	71.6	90.2		不需要修正			否
		22：00 ～ 22：20	73.1	95		不需要修正			否
		22：20 ～ 22：40	73.3	86.4		不需要修正			否
		22：40 ～ 23：00	75.4	89		不需要修正			否
		23：00 ～ 23：20	71.8	91		不需要修正			否
		23：20 ～ 23：40	70.9	90.1		不需要修正			否
		23：40 ～ 24：00	73.4	93.7		不需要修正			否

续表

评价结果								
项目名称		中心医院门诊楼建设项目						
施工阶段		地下结构施工阶段						
日期：5月12日夜晚	时间段		L_{Aeq}	L_{Amax}	背景噪声 dB（A）	修正后测试值 dB（A）	所处声 功能区	标准 要求 dB（A）	达标 与否
YY-ZS-3-03	昼间				未测		1类声 功能区	55	
	夜间								
YY-ZS-3-04	昼间				40		1类声 功能区	55	
	夜间	21：20～21：40	64.5	76.4		不需要修正			否
		21：40～22：00	68.2	82.4		不需要修正			否
		22：00～22：20	65.9	77.6		不需要修正			否
		22：20～22：40	66.2	76		不需要修正			否
		22：40～23：00	70.8	81.2		不需要修正			否
		23：00～23：20	64.9	76.2		不需要修正			否
		23：20～23：40	66.4	79.4		不需要修正			否
		23：40～24：00	64.4	76.4		不需要修正			否
YY-ZS-3-05	昼间				40		1类声 功能区	55	
	夜间	21：20～21：40	61.8	79.1		不需要修正			否
		21：40～22：00	66.5	78.9		不需要修正			否
		22：00～22：20	63.6	76		不需要修正			否
		22：20～22：40	62.3	74.4		不需要修正			否
		22：40～23：00	64.2	74.5		不需要修正			否
		23：00～23：20	61.8	75.7		不需要修正			否
		23：20～23：40	62.2	81.8		不需要修正			否
		23：40～24：00	61.9	79.5		不需要修正			否

图 8-2-4 光污染监测仪器及施工现场

1 号测试点位于场地讲解台附近围挡处，围挡北边是居民楼，属于 1 类声环境功能区，白天建筑施工场界噪声限值 65dB（A）。测得 1 号测试点等效 A 声级数据分别为 82.1dB（A）、63.1dB（A）、63.1dB（A）、64.9dB（A）、64.3dB（A），64.4dB（A）、65.2dB（A）、63.9dB（A）、64.9dB（A），最大值为 82.1dB（A），利用中午休息时停工的时间测得背景噪声的等效 A 声级为 57.6dB（A）。最大值大于白天建筑施工场界噪声限值 65dB（A），故超标。

夜晚测得 1 号测试点等效 A 声级数据分别为 62.7dB（A）、68.3dB（A）、65.3dB（A）、63.9dB（A）、64.6dB（A）、62.5dB（A）、63.6dB（A）、63.5dB（A），最大值为 68.3dB（A），利用休息时停工的时间测得背景噪声的等效 A 声级为 40dB（A）。最大值大于夜晚建筑施工场界噪声限值 55dB（A），故超标。

2 号测试点位于高压配电室附近花坛围挡处，附近是会议室，属于 1 类声环境功能区，白天建筑施工场界噪声限值 65dB（A）。测得 2 号测试点等效 A 声级数据分别为 57dB（A）、66.4dB（A）、68.7dB（A）、68.6dB（A）、68.3dB（A）、68.4dB（A）、69.3dB（A）、69dB（A）两次，最大值为 69.3dB（A），利用中午休息时停工的时间测得背景噪声的等效 A 声级为 60dB（A）。最大值大于白天建筑施工场界噪声限值 65dB（A），故超标。

夜晚测得 2 号测试点等效 A 声级数据分别为 66.9dB（A）、71.6dB（A）、73.1dB（A）、73.3dB（A）、75.4dB（A）、71.8dB（A）、70.9dB（A）、73.4dB（A），最大值为 75.4dB（A），利用休息时停工的时间测得背景噪声的等效 A 声级为 40dB（A）。最大值大于夜晚建筑施工场界噪声限值 55dB（A），故超标。

3 号测试点位于架管架料堆码附近围挡处，此处距离目前施工现场较远，故未测。

4 号测试点位于原有建筑转角窗台处，此处为医院急诊，属于 1 类声环境功能区，白天建筑施工场界噪声限值 65dB（A）。测得 4 号测试点等效 A 声级数据分别为 57.3dB（A）、83.6dB（A）、68.8dB（A）、68.5dB（A）、69.8dB（A）、75.5dB（A）、74.2dB（A）、68.6dB（A）、76.6dB（A），最大值为 83.6dB（A），利用中午休息时停工的时间测得背景噪声的等效 A 声级为 62.5dB（A）。最大值大于白天建筑施工场界噪声限值 65dB（A），故超标。

夜晚测得 4 号测试点等效 A 声级数据分别为 64.5dB（A）、68.2dB（A）、65.9dB（A）、66.2dB（A）、70.8dB（A）、64.9dB（A）、66.4dB（A）、64.4dB（A），最大值为 70.8dB（A），利用休息时停工的时间测得背景噪声的等效 A 声级为 40dB（A）。最大值大于夜晚建筑施工场界噪声限值 55dB（A），故超标。

5 号测试点位于现场施工用电配电间与配电值班室之间的附近围挡处，围挡外是属于医院专家楼，属于 1 类声环境功能区，白天建筑施工场界噪声限值 65dB（A）。测得 5 号测试点等效 A 声级数据分别为 55.8dB（A）、65.2dB（A）、64.4dB（A）、66.3dB（A）、66.2dB（A）、65.8dB（A）、67dB（A）、65.8dB（A）、69.3dB（A）， 最大值为 69.3dB（A），利用中午休息时停工的时间测得背景噪声的等效 A 声级为 58.1dB（A）。最大值大于白天建筑施工场界噪声限值 65dB（A），故超标。

夜晚测得 5 号测试点等效 A 声级数据分别为 61.8dB（A）、66.5dB（A）、63.6dB（A）、62.3dB（A）、64.2dB（A）、61.8dB（A）、62.2dB（A）、61.9dB（A），最大值为 66.5dB（A），利用休息时停工的时间测得背景噪声的等效 A 声级为 40dB（A）。最大值大于夜晚建筑施工场界噪声限值 55dB（A），故超标。

分析来看，中心医院门诊楼建设项目当时处于地下结构施工阶段，白天施工现场噪声源主要为混凝土搅拌机、振动棒、电锯、切割机、起重机、升降机及各种发电机、运输车辆等，晚上施工现场噪声源主要为起重机、升降机、浇筑混凝土设备及各种发电机、运输车辆等。

测试仪器的选择合理，测试点包含施工现场各个边，与施工现场附近重要建筑较近，布置较为合理、便捷。总体分析来看，白天场地 4 个监测点数据（1 号监测点、2 号监测点、4 号监测点、5 号监测点）超过施工场界噪声限值，总体来说超标；晚上场地 4 个监测点数据（1 号监测点、2 号监测点、4 号监测点、5 号监测点）超过施工场界噪声限值，总体来说超标。

根据结果显示超标的几个监测点离几个重要建筑物较近，这几个建筑物的声环境功能区对于噪声的敏感度比较高，故而容易超标。

白天 1 号监测点 11：40～12：00 的数据出现异常高，不排除当时附近有突发性施工作业或者仪器检测误差出现，若排除这种数据，则白天 1 号监测点检测区域大致达标。

夜间特意挑选浇灌混凝土作业时监测，场地噪声很大。

针对夜间最大声级评价这一标准，夜间施工过程记录噪声最大瞬时声级，其值超过限值的幅度不得高于 15dB（A），夜间测点数据全部超标。

施工现场布置及现场施工的时候，可以考虑提前分析周围建筑及状况，把大型噪声源相对远离0类或者1类声环境功能区，尽量集中布置在2类或者3类的声环境功能区内，减小对声音敏感场所的影响。并且制订合理的施工计划，大型噪声源避免晚上开工或者减少开工时间，夜间10点前尽早停工。

2）光污染

根据现场实测，选取现场施工区周围最容易受光污染的4栋建筑，北边最靠近施工现场的居民楼，西边的正在装修的办公楼，东边的医院专家楼和东边的医院急诊。分别取它们受光污染最严重，靠近光源最近的窗户，用照度测量计测量窗户3个点得出数据。监测数据如表8-2-7所示，在中心医院门诊楼建设工程主体施工测点的光污染监测仪器及施工现场照片如图8-2-4所示。

中心医院门诊楼建设工程光污染监测结果　　　　　表8-2-7

项目名称	中心医院门诊楼建设项目				
环境亮度类型	低亮度区域 E2				
居住区光干扰评价					
窗户	熄灯前平均照度值（lx）	控制指标（lx）	熄灯时段平均照度值（lx）	控制指标（lx）	是否达标
YY-G-3-01	11.2	≤5	11.2	≤1	否
YY-G-3-02	未测				
YY-G-3-03	未测				
YY-G-3-04	18.3	≤5	18.3	≤1	否
综合评价	—	—			未达标
夜空光污染评价					
灯具编号	上射光比例				是否达标
灯1					
灯2					
综合评价	—				

1号测试点位于场地西边的正在装修的办公楼，选取二楼的最靠近地的窗户作为测点，依次从上至下，监测熄灯前照度，分别测得10.9lx、11.2lx、11.4lx，平均值为11.2lx，熄灯后照度数值与之相差不大。

2号测试点位于北边最靠近施工现场的居民楼，但因暂时没有沟通好，获得进入居民楼测试的许可，此点未测，下次补测。

3号测试点位于东边的医院专家楼靠近场地的窗户，但因暂时没有沟通好，获得进入专家楼测试的许可，此点未测，下次补测。

4号测试点位于场地东边的医院急诊，选取二楼的最靠近场地的窗户作为测点，依次从上至下，监测熄灯前照度，分别测得18.3lx、18.5lx、18lx，平均值为18.3lx，熄灯后照度数值与之相差不大。

此项目位于低亮度区域 E2 级的环境亮度类型，熄灯前的控制指标为 ≤ 5lx，熄灯时段的控制指标为 ≤ 1lx，因此两个测点的监测数值超标。

两个测试点的所测照度数据相差较大，这与工地实际情况有关，和大功率探照灯的高度、角度、个数，探照灯的灯罩大小以及距离的远近有关。4 号测试点正位于探照灯下方，所受光污染最严重，1 号测试点相对远离探照灯直接照明，因此照度数据较低。

根据不同的施工阶段，采取照明的调整，布置场地时应该考虑施工现场周围对光污染敏感的建筑，大型探照灯不应该直接对其照明，而应考虑合理的照射角度。灯罩可以考虑进行修改设计，可以做到简单调节光的照射范围和角度。合理安排工期，夜间 10 点前应该减少探照灯的使用，减小对环境的影响。

参 考 文 献

［1］Bai Y, Dong B L. On-line pollution monitoring system based on differential optical absorption spectroscopy [J]. Journal of Mechanical & Electrical Engineering, 2012.

［2］Boe K. Online monitoring and control of the biogas process [J]. Dtu Environment, 2006.

［3］Cordova-Lopez L E, Mason A, Cullen J D, et al. Online vehicle and atmospheric pollution monitoring using GIS and wireless sensor networks [C]// Journal of Physics: Conference Series. 2007: 012019-012025.

［4］Henry H, Tran P. Tunable diode laser (TDL) based HCl continuous emission monitoring system(CEMS)development challenges and monitoring technologies to meet the Portland Cement MACT rule [C]// Cement Industry Technical Conference(CIC), 2014 IEEE-IAS/PCA. IEEE, 2014: 1-5.

［5］Jahnke J A. Continuous emission monitoring [J]. Office of Scientific & Technical Information Technical Reports, 2000.

［6］Keeler J D, Havener J P, Godbole D, et al. Virtual continuous emission monitoring system with sensor validation [J]. Pavilion Technologies, 1995.

［7］Zayakhanov A S, Zhamsueva G S, Tsydypov V V, et al.Automated system for monitoring atmospheric pollution [J]. Measurement Techniques, 2008, 51(12): 1342-1346.

［8］国务院办公厅 . 国务院办公厅关于印发国家环境保护"十一五"规划的通知［EB/OL］. ［2007-11-22］. http：//www.gov.cn/zwgk/2007-11/26/content_815498.htm.

［9］国务院办公厅 . 国务院办公厅关于印发国家环境保护"十二五"规划的通知［EB/OL］. ［2011-12-15］. http：//www.gov.cn/zwgk/2011-12/20/content_2024895.htm.

［10］国务院办公厅 . 国务院办公厅关于印发"十二五"节能环保产业发展规划的通知［EB/OL］. ［2014-06-29］. http：//www.gov.cn/zwgk/2012-06/29/content_2172913.htm.

［11］国务院办公厅 . 国务院办公厅关于印发 2014-2015 年节能减排低碳发展行动方案的通知 ［EB/OL］. ［2014-05-26］. http：//www.gov.cn/zhengce/content/2014-5/26/content_8824.htm.

［12］住房城乡建设部 . 绿色施工科技示范工程技术指标及评价指南［Z］. 2019.

［13］GB 3095—2012 环境空气质量标准［S］.

［14］GB 12523—2011 建筑施工场界环境噪声排放标准［S］.

［15］GB/T 50905—2014 建筑工程绿色施工规范［S］.

［16］DB 31/964—2016 建筑施工颗粒物控制标准［S］.

［17］DB 21/2642—2016 施工及堆料场地扬尘排放标准［S］.

［18］SZDB/Z 247—2017 建设工程扬尘污染防治技术规范［S］.

［19］DB 61/1078—2017 施工场界扬尘排放限值［S］.

［20］DBJ/T 13—275—2017 福建省建设工程施工现场扬尘防治与监测技术规程［S］.

［21］DB 13/2934—2019 施工场地扬尘排放标准［S］.

［22］常来振. 建筑工地扬尘和噪声在线监测系统设计［D］. 聊城：聊城大学，2018.

［23］陈书建，黄镇，王新培. 烟气排放连续监测系统存在问题及建议［J］. 电力科技与环保，2012（02）：59-60.

［24］陈书建，黄镇，王新培. 烟气排放连续监测系统运行状况及建议［J］. 化工时刊，2011（01）：57-59.

［25］国洋，刘善培. 国控重点污染源自动监测系统及其数据有效性审核的调查与思考［J］. 绿色科技，2015.

［26］何良荣. 环境污染源在线监控工作探讨［J］. 环境与生活，2014（04）.

［27］黄玉虎，田刚，秦建平. 不同施工阶段扬尘污染特征研究［J］. 环境科学，2007（12）：2885-2888.

［28］黄镇，田成，董喆. 烟气连续排放监测系统研究与设计［J］. 科技创业家，2014（08）.

［29］焦清波. 噪音扬尘监测系统设计与实现［D］. 西安：西安电子科技大学，2015.

［30］寇广辉. 珠三角地区房建施工扬尘自动控制系统控制参数研究［J］. 广东土木与建筑，2017（5）：60-63.

［31］李俊. 浅析气态污染源的在线自动监测［J］. 资源节约与环保，2016（1）：119.

［32］李莉. 浅谈污染源自动监测系统的功能和特点［J］. 科技与企业，2011（9）：171-171.

［33］李扬. 从“五性”的角度论环境监测数据质量的保证［J］. 农业环境与发展，2011（5）：33-34.

［34］李志明. 环境监测数据审核及异常数据的处理［J］. 新疆环境保护，2013（2）：41-44.

［35］李振，杜斌，彭林等. 山西省污染源自动监控系统的设计与实现［J］. 中国环境监测，2012（03）：130-135.

［36］梁绍来. 房屋建筑施工中环境污染防治与处理研究［J］. 环境科学与管理，2018（2）：112-116.

［37］刘建军. 建筑工程施工现场扬尘污染在线监控系统研究［J］. 科技视界，2013（28）：45，106.

［38］吕晶. 绿色施工量化评价研究［D］. 重庆：重庆大学，2015.

［39］罗磊. 建筑施工噪声实时监控系统研究［D］. 大连：大连理工大学，2015.

［40］随国庆，潘顶山，朱贺等. 扬尘噪声在线监测在工程项目监管中的系统集成与应用［J］. 中国建设信息化，2018，68（13）：78-80.

［41］孙栓柱，林凯. 基于 WEB 的南京市污染源在线监控系统的设计［J］. 环境科技，2011，24（1）：42-44. DOI：10.3969/j.issn.1674-4829.2011.01.012.

［42］魏山峰. 国家重点监控企业污染源自动监测数据有效性审核教程［M］. 北京：中国环境科学出版社，2010.

［43］徐赛华. 污染源在线监测监控系统的设计与实现［J］. 绵阳师范学院学报，2009（02）：114-118.

［44］杨威. 烟气在线监测系统（CEMS）在环境管理中的应用研究［D］. 大连：大连理工大学，2013.

［45］徐文帅，石爱军，游智敏等. 基于 GIS 的污染源自动监测数据综合分析系统设计和实现［J］. 中国环境监测，2012，28（3）：136-140.

［46］张丽娜，张剑，刘亮. 污染源自动监测系统的研究设计［J］. 信息系统工程，2013（9）：30-31.DOI：10.3969/j.issn.1001-2362.2013.09.017.

［47］赵永辉. 污染源自动监控数据传输技术研究［J］. 中国科技信息，2012（6）.